计算机应用基础实验指导

孙 涌 王 彤 赵满群 主编

苏州大学出版社

图书在版编目(CIP)数据

计算机应用基础实验指导 / 孙涌,王彤,赵满群主编. —苏州:苏州大学出版社,2021.9 (2022.12重印)
ISBN 978-7-5672-3706-3

Ⅰ.①计… Ⅱ.①孙… ②王… ③赵… Ⅲ.①电子计算机-高等学校-教学参考资料 Ⅳ.①TP3

中国版本图书馆 CIP 数据核字(2021)第 186042 号

书　　名:计算机应用基础实验指导
主　　编:孙　涌　王　彤　赵满群
责任编辑:吴昌兴
装帧设计:刘　俊
出版发行:苏州大学出版社(Soochow University Press)
社　　址:苏州市十梓街 1 号　邮编:215006
网　　址:www. sudapress. com
邮　　箱:sdcbs@ suda. edu. cn
印　　装:广东虎彩云印刷有限公司
邮购热线:0512-67480030
销售热线:0512-67481020
开　　本:787 mm×1 092 mm　1/16　印张:11.75　字数:258 千
版　　次:2021 年 9 月第 1 版
印　　次:2022 年 12 月第 4 次印刷
书　　号:ISBN 978-7-5672-3706-3
定　　价:32.00 元

凡购本社图书发现印装错误,请与本社联系调换。
服务热线:0512-67481020

前言
PREFACE

本书是与《计算机应用基础》配套的实验指导用书,根据教育部考试中心制定的《全国计算机等级考试一级计算机基础及 MS Office 应用考试大纲(2021 年版)》进行编写,并兼顾实际应用的需求,适当进行了扩展。

本教程按考试大纲要求的内容进行项目化分解和练习,共分 5 个项目,主要包括 Windows 7 操作实验、Word 2016 操作实验、Excel 2016 操作实验、PowerPoint 2016 操作实验以及网络操作实验,每个项目又分为多个任务,每个任务按照提出任务要求、实施任务操作、加强任务巩固的思路来强化实验练习。本书面向实际应用,主要讲述计算机操作系统、办公应用软件和计算机网络的具体操作步骤和方法,具有可操作性强、实用性好的特点,书中的项目任务精选自全国计算机等级考试一级 MS Office 应用真题。本书可作为各类院校的学生参加全国计算机等级考试的指导实验教程,亦可作为各类读者自学的计算机基础操作教程。通过使用本书进行练习,读者能够轻松掌握计算机操作系统和 MS Office 办公软件的操作和应用方法,具备使用计算机的基本技能。

参加本书编写的有孙涌、王彤、赵满群、沈鸿、郑永爱、瞿梦菊、李梅,其中赵满群编写项目 1,孙涌、沈鸿、郑永爱编写项目 2,王彤编写项目 3,瞿梦菊编写项目 4,李梅编写项目 5,孙涌负责全书统稿。

因时间仓促及水平所限,书中难免有疏漏及不足之处,恳请广大读者批评指正。

编者

2021 年 7 月

目 录
CONTENTS

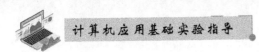

项目 1　Windows 7 操作系统

本章重点练习 Windows 7 操作系统下文件和文件夹的常用操作和系统设置。本章高频考点如图 1-1 所示。

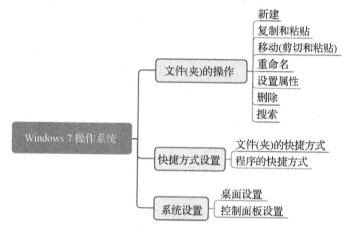

图 1-1　Windows 7 操作系统高频考点

任务 1.1　显示隐藏文件(夹)和文件扩展名

一、任务要求

为方便后续的文件(夹)等操作,将操作系统默认设置的文件夹选项设置为能显示隐藏文件(夹),并显示文件扩展名。

二、任务操作

操作步骤如下:

步骤1：在打开的计算机窗口中，选择"组织"→"文件夹和搜索选项"命令，弹出"文件夹选项"对话框，如图1-2所示。

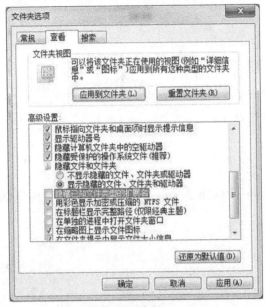

图1-2 "文件夹选项"对话框

步骤2：单击"查看"选项卡，选中"显示隐藏的文件、文件夹和驱动器"单选钮，取消勾选"隐藏已知文件类型的扩展名"复选框，再单击"应用"按钮，使设置立即生效，最后单击"确定"按钮，关闭"文件夹选项"对话框。

任务1.2 Windows 7 的基本操作一

一、任务要求

1. 将"Windows 操作素材库\素材 1\TIUIN"文件夹中的文件 ZHUCE. BAS 删除。

2. 将"Windows 操作素材库\素材 1\VOTUNA"文件夹中的文件 BOYABLE. DOC 复制到同一文件夹下，并命名为 SYAD. DOC。

3. 在"Windows 操作素材库\素材 1\SHEART"文件夹中新建一个文件夹 RESTRIC。

4. 将"Windows 操作素材库\素材 1\BENA"文件夹中的文件 PRODUCT. WRI 的"隐藏"和"只读"属性撤销，并设置为"存档"属性。

5. 将"Windows 操作素材库\素材 1\HWAST"文件夹中的文件 XIAN. FPT 重命名为 YANG. FPT。

二、任务操作

1. 操作步骤如下：

步骤 1：打开"Windows 操作素材库\素材 1\TIUIN"文件夹，选定 ZHUCE.BAS 文件。

步骤 2：按〈Delete〉键，弹出"删除文件"对话框，单击"是"按钮，将文件删除到回收站，如图 1-3 所示。

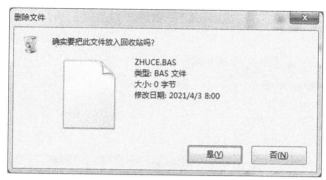

图 1-3　"删除文件"对话框

2. 操作步骤如下：

步骤 1：打开"Windows 操作素材库\素材 1\VOTUNA"文件夹，选定 BOYABLE.DOC 文件，右击鼠标，弹出快捷菜单。

步骤 2：在快捷菜单中选择"复制"命令，或按快捷键〈Ctrl〉+〈C〉。

步骤 3：在快捷菜单中选择"粘贴"命令，或按快捷键〈Ctrl〉+〈V〉。

步骤 4：选定复制产生的 BOYABLE-副本.DOC 文件，右击鼠标，弹出快捷菜单，选择"重命名"命令，或按〈F2〉键，此时文件的名字处呈现蓝色可编辑状态，输入指定的名称 SYAD.DOC，如图 1-4 所示。

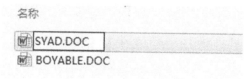

图 1-4　重命名文件

3. 操作步骤如下：

步骤 1：打开"Windows 操作素材库\素材 1\SHEART"文件夹。

步骤 2：右击鼠标，在弹出的快捷菜单中选择"新建"→"文件夹"命令，即可创建新的文件夹，此时文件夹的名字处呈现蓝色可编辑状态，输入指定的名称 RESTRIC，如图 1-5 所示。

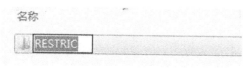

图 1-5　新建文件夹

4．操作步骤如下：

步骤 1：打开"Windows 操作素材库\素材 1\BENA"文件夹，选定 PRODUCT. WRI 文件，右击鼠标，弹出快捷菜单。

步骤 2：选择"属性"命令，打开"属性"对话框。

步骤 3：在"属性"对话框中，取消勾选"隐藏"和"只读"复选框。

步骤 4：单击"高级"按钮，在弹出的"高级属性"对话框中勾选"可以存档文件"复选框，如图 1-6 所示，单击"确定"按钮，关闭"高级属性"对话框，再次单击"确定"按钮，关闭"属性"对话框。

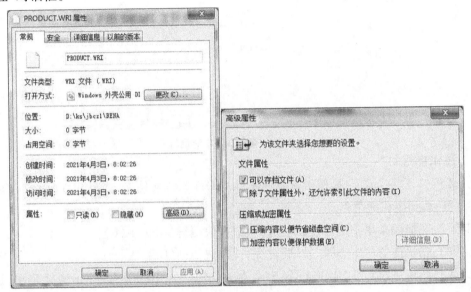

图 1-6　"属性"和"高级属性"对话框

5．操作步骤如下：

步骤 1：打开"Windows 操作素材库\素材 1\HWAST"文件夹，选定 XIAN. FPT 文件。

步骤 2：按〈F2〉键，此时文件的名字处呈现蓝色可编辑状态，输入指定的名称 YANG. FPT。

三、任务巩固

1．将"Windows 操作素材库\练习 1\MICRO"文件夹中的文件 SAK. PAS 删除。

2．在"Windows 操作素材库\练习 1\POP\PUT"文件夹中建立一个名为 HUM 的新文件夹。

3．将"Windows 操作素材库\练习 1\COON\FEW"文件夹中的文件 RAD. FOR 复制到"Windows 操作素材库\练习 1\ZUM"文件夹中。

4．将"Windows 操作素材库\练习 1\UEM"文件夹中的文件 MACRO. NEW 设置成"隐藏"和"只读"属性。

5．将"Windows 操作素材库\练习 1\MEP"文件夹中的文件 PGUP. FIP 移动到"Windows 操作素材库\练习 1\QEEN"文件夹中，并改名为 NEPA. JEP。

任务1.3　Windows 7 的基本操作二

一、任务要求

1. 在"Windows 操作素材库\素材 2\GPOP\PUT"文件夹中新建一个名为 HUX 的文件夹。

2. 将"Windows 操作素材库\素材 2\MICRO"文件夹中的文件 XSAK. BAS 删除。

3. 将"Windows 操作素材库\素材 2\COOK\FEW"文件夹中的文件 ARAD. WPS 复制到"Windows 操作素材库\素材 2\ZUME"文件夹中。

4. 将"Windows 操作素材库\素材 2\ZOOM"文件夹中的文件 MACRO. OLD 设置为"隐藏"属性。

5. 将"Windows 操作素材库\素材 2\BEI"文件夹中的文件 SOFT. BAS 重命名为 BUAA. BAS。

二、任务操作

1. 操作步骤如下：

步骤 1：打开"Windows 操作素材库\素材 2\GPOP\PUT"文件夹。

步骤 2：右击鼠标，在弹出的菜单中选择"新建"→"文件夹"命令，即可创建新的文件夹，此时文件夹的名字处呈现蓝色可编辑状态，输入指定的名称 HUX。

2. 操作步骤如下：

步骤 1：打开"Windows 操作素材库\素材 2\MICRO"文件夹，选定 XSAK. BAS 文件。

步骤 2：按〈Delete〉键，弹出"删除文件"对话框。

步骤 3：单击"是"按钮，将文件删除到回收站。

3. 操作步骤如下：

步骤 1：打开"Windows 操作素材库\素材 2\COOK\FEW"文件夹，选定 ARAD. WPS 文件，右击鼠标，弹出快捷菜单。

步骤 2：在快捷菜单中选择"复制"命令，或按快捷键〈Ctrl〉+〈C〉。

步骤 3：打开"Windows 操作素材库\素材 2\ZUME"文件夹，右击鼠标，弹出快捷菜单。

步骤 4：在快捷菜单中选择"粘贴"命令，或按快捷键〈Ctrl〉+〈V〉。

4. 操作步骤如下：

步骤 1：打开"Windows 操作素材库\素材 2\ZOOM"文件夹，选定 MACRO. OLD 文件，右击鼠标，弹出快捷菜单。

步骤 2：在快捷菜单中选择"属性"命令，打开"属性"对话框。

步骤3:在对话框中勾选"隐藏"复选框,单击"确定"按钮。

5.操作步骤如下:

步骤1:打开"Windows操作素材库\素材2\BEI"文件夹,选定SOFT.BAS文件。

步骤2:按〈F2〉键,此时文件的名字处呈现蓝色可编辑状态,输入题目指定的名称BUAA.BAS。

三、任务巩固

1.将"Windows操作素材库\练习2"中的KEEN文件夹设置成"隐藏"属性。

2.将"Windows操作素材库\练习2\QEEN"文件夹移动到"Windows操作素材库\练习2\NEAR"文件夹中,并改名为SUNE。

3.将"Windows操作素材库\练习2\DEER\DAIR"文件夹中的文件TOUR.PAS复制到"Windows操作素材库\练习2\CRY\SUMMER"文件夹中。

4.将"Windows操作素材库\练习2\CREAM"文件夹中的SOUP文件夹删除。

5.在"Windows操作素材库\练习2"中建立一个名为TESE的文件夹。

任务1.4　Windows 7 的基本操作三

一、任务要求

1.将"Windows操作素材库\素材3\TURO"文件夹中的文件POWER.DOC删除。

2.在"Windows操作素材库\素材3\KIU"文件夹中新建一个名为MING的文件夹。

3.将"Windows操作素材库\素材3\INDE"文件夹中的文件GONG.TXT设置为"只读"和"隐藏"属性。

4.将"Windows操作素材库\素材3\SOUP\HYR"文件夹中的文件ASER.FOR复制到素材库下的PEAG文件夹中。

5.搜索"Windows操作素材库\素材3"中的文件READ.EXE,为其建立一个名为READ的快捷方式,放在"Windows操作素材库\素材3"文件夹中。

二、任务操作

1.操作步骤如下:

步骤1:打开"Windows操作素材库\素材3\TURO"文件夹,选定POWER.DOC文件。

步骤2:按〈Delete〉键,弹出"删除文件"对话框。

步骤3:单击"是"按钮,将文件删除到回收站。

2.操作步骤如下:

步骤 1:打开"Windows 操作素材库\素材 3\KIU"文件夹,右击鼠标,弹出快捷菜单。

步骤 2:在弹出的菜单中选择"新建"→"文件夹"命令,即可创建新的文件夹,此时文件夹的名字处呈现蓝色可编辑状态,输入指定的名称 MING。

3. 操作步骤如下:

步骤 1:打开"Windows 操作素材库\素材 3\INDE"文件夹,选定 GONG. TXT 文件。

步骤 2:右击鼠标,在弹出的快捷菜单中选择"属性"命令,即可打开"属性"对话框。

步骤 3:在"属性"对话框中,勾选"只读"和"隐藏"复选框,单击"确定"按钮。

4. 操作步骤如下:

步骤 1:打开"Windows 操作素材库\素材 3\SOUP\HYR"文件夹,选定 ASER. FOR 文件,右击鼠标,弹出快捷菜单。

步骤 2:在弹出的快捷菜单中选择"复制"命令,或按快捷键〈Ctrl〉+〈C〉。

步骤 3:打开"Windows 操作素材库\素材 3\PEAG"文件夹,右击鼠标,弹出快捷菜单。

步骤 4:在弹出的快捷菜单中选择"粘贴"命令,或按快捷键〈Ctrl〉+〈V〉。

5. 操作步骤如下:

步骤 1:打开"Windows 操作素材库\素材 3"文件夹。

步骤 2:在工具栏右上角的搜索文本框中输入要搜索的文件名 READ. EXE,单击搜索文本框右侧的"搜索"按钮,搜索结果将显示在文件窗格中,如图 1-7 所示。

图 1-7　搜索文件

步骤 3:选定搜索出的文件,右击鼠标,弹出快捷菜单,选择"打开文件位置"命令,进入 READ. EXE 文件所在的文件夹。

步骤 4:选定 READ. EXE 文件,右击鼠标,弹出快捷菜单,选择"创建快捷方式"命令,即可在同一文件夹下创建一个快捷方式,如图 1-8 所示。

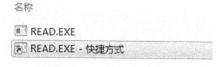

图 1-8　创建快捷方式

步骤 5:移动(先剪切再粘贴)这个快捷方式到"Windows 操作素材库\素材 3"文件夹中。

三、任务巩固

1. 将"Windows 操作素材库\练习 3\EDIT\POPE"文件夹中的文件 CENT. PAS 设置为

"隐藏"属性。

2. 将"Windows 操作素材库\练习 3\BROAD\BAND"文件夹中的文件 GRASS. FOR 删除。

3. 在"Windows 操作素材库\练习 3\COMP"文件夹中建立一个新文件夹 COAL。

4. 将"Windows 操作素材库\练习 3\STUD\TEST"文件夹中的文件夹 SAM 复制到"Windows 操作素材库\练习 3\KIDS\CARD"文件夹中,并将文件夹改名为 HALL。

5. 将"Windows 操作素材库\练习 3\CALIN\SUN"文件夹中的文件夹 MOON 移动到"Windows 操作素材库\练习 3\LION"文件夹中。

任务1.5 Windows 7 的基本操作四

一、任务要求

1. 在"Windows 操作素材库\素材 4\CCTVA"文件夹中新建一个文件夹 LEDER。

2. 将"Windows 操作素材库\素材 4\HIGER \YION"文件夹中的文件 ARIP. BAT 重命名为 FAN. BAT。

3. 将"Windows 操作素材库\素材 4\GOREST\TREE"文件夹中的文件 LEAF. MAP 设置为"只读"属性。

4. 将"Windows 操作素材库\素材 4\BOP\YIN"文件夹中的文件 FILE. WRI 复制到素材库下的 SHEET 文件夹中。

5. 将"Windows 操作素材库\素材 4\XEN\FISHER"文件夹中的文件夹 EAT-A 删除。

二、任务操作

1. 操作步骤如下:
步骤 1:打开"Windows 操作素材库\素材 4\CCTVA"文件夹,右击弹出快捷菜单。
步骤 2:在弹出的快捷菜单中选择"新建"→"文件夹"命令,即可创建新的文件夹,此时文件夹的名字处呈现蓝色可编辑状态,输入题目指定的名称 LEDER。

2. 操作步骤如下:
步骤 1:打开"Windows 操作素材库\素材 4\HIGER\YION"文件夹,选定 ARIP. BAT 文件。
步骤 2:按〈F2〉键,此时文件的名字处呈现蓝色可编辑状态,输入指定的名称 FAN. BAT。

3. 操作步骤如下:
步骤 1:打开"Windows 操作素材库\素材 4\GOREST\TREE"文件夹,选定 LEAF. MAP 文件,右击鼠标,弹出快捷菜单。

步骤 2：在快捷菜单中选择"属性"命令，即可打开"属性"对话框。

步骤 3：在对话框中，勾选"只读"复选框，单击"确定"按钮。

4．操作步骤如下：

步骤 1：打开"Windows 操作素材库\素材 4\BOP\YIN"文件夹，选定 FILE. WRI 文件，右击鼠标，弹出快捷菜单。

步骤 2：在快捷菜单中选择"复制"命令，或按快捷键〈Ctrl〉+〈C〉。

步骤 3：打开"Windows 操作素材库\素材 4\SHEET"文件夹，右击鼠标，弹出快捷菜单。

步骤 4：在快捷菜单中选择"粘贴"命令，或按快捷键〈Ctrl〉+〈V〉。

5．操作步骤如下：

步骤 1：打开"Windows 操作素材库\素材 4\XEN\FISHER"文件夹，选定 EAT- A 文件夹。

步骤 2：按〈Delete〉键，弹出"删除文件夹"对话框。

步骤 3：单击"是"按钮，将文件夹删除到回收站。

三、任务巩固

1．将"Windows 操作素材库\练习 4"中的 KEE 文件夹设置为"隐藏"属性。

2．将"Windows 操作素材库\练习 4"中的 QEE 文件夹移动到"Windows 操作素材库\练习 4\NEA"文件夹中，并改名为 SUN。

3．将"Windows 操作素材库\练习 4\DEE\DAR"文件夹中的文件 TOUR. PAF 复制到"Windows 操作素材库\练习 4\CRY\SUMMER"文件夹中。

4．将"Windows 操作素材库\练习 4\CREAMS"文件夹中的 SOUP 文件夹删除。

5．在"Windows 操作素材库\练习 4"中建立一个名为 TEST 的文件夹。

任务1.6　Windows 7 的基本操作五

一、任务要求

1．将"Windows 操作素材库\素材 5\COFF\JIN"文件夹中的文件 MONEY. TXT 设置为"隐藏"和"只读"属性。

2．将"Windows 操作素材库\素材 5\DOSION"文件夹中的文件 HDLS. SEL 复制到同一文件夹中，并命名为 AEUT. SEL。

3．在"Windows 操作素材库\素材 5\SORRY"文件夹中新建一个文件夹 WINBJ。

4．将"Windows 操作素材库\素材 5\WORD2"文件夹中的文件 A- EXCEL. MAP 删除。

5．将"Windows 操作素材库\素材 5\STORY"文件夹中的文件夹 ENGLISH 重命名为

CHUN。

二、任务操作

1. 操作步骤如下：

步骤 1：打开"Windows 操作素材库\素材 5\COFF\JIN"文件夹，选定 MONEY. TXT 文件，右击鼠标，弹出快捷菜单。

步骤 2：在快捷菜单中选择"属性"命令，打开"属性"对话框。

步骤 3：在对话框中，勾选"只读"和"隐藏"复选框，单击"确定"按钮。

2. 操作步骤如下：

步骤 1：打开"Windows 操作素材库\素材 5\DOSION"文件夹，选定 HDLS. SEL 文件，右击鼠标，弹出快捷菜单。

步骤 2：在快捷菜单中选择"复制"命令，或按快捷键〈Ctrl〉+〈C〉。

步骤 3：在快捷菜单中选择"粘贴"命令，或按快捷键〈Ctrl〉+〈V〉。

步骤 4：选定复制过来的文件。

步骤 5：按〈F2〉键，此时文件的名字处呈现蓝色可编辑状态，输入题目指定名称 AEUT. SEL。

3. 操作步骤如下：

步骤 1：打开"Windows 操作素材库\素材 5\SORRY"文件夹，右击鼠标，弹出快捷菜单。

步骤 2：在弹出的菜单中选择"新建"→"文件夹"命令，即可创建新的文件夹，此时文件夹的名字处呈现蓝色可编辑状态，输入指定的名称 WINBJ。

4. 操作步骤如下：

步骤 1：打开"Windows 操作素材库\素材 5\WORD2"文件夹，选定 A-EXCEL. MAP 文件。

步骤 2：按〈Delete〉键，弹出"删除文件"对话框。

步骤 3：单击"是"按钮，将文件删除到回收站。

5. 操作步骤如下：

步骤 1：打开"Windows 操作素材库\素材 5\STORY"文件夹，选定 ENGLISH 文件夹。

步骤 2：按〈F2〉键，此时文件夹的名字处呈现蓝色可编辑状态，输入指定的名称 CHUN。

三、任务巩固

1. 将"Windows 操作素材库\练习 5"中的 KEE 文件夹设置为"只读"属性。

2. 将"Windows 操作素材库\练习 5"中的 QUEEN 文件夹复制到"Windows 操作素材库\练习 5\NEA"文件夹中，并改名为 SUNE。

3. 将"Windows 操作素材库\练习 5\DEAR\DART"文件夹中的文件 TOUR. PS 复制到"Windows 操作素材库\练习 5\CRY\SUMMER"文件夹中。

4. 将"Windows 操作素材库\练习 5\CREAM"文件夹中的 SOUPS 文件夹删除。

5. 在"Windows 操作素材库\练习5"中建立一个名为 TEAS 的文件夹。

任务1.7　Windows 7 的基本操作六

一、任务要求

1. 将"Windows 操作素材库\素材6\LI\QIAN"文件夹中的文件夹 YANG 复制到"Windows 操作素材库\素材6\WANG"文件夹中。

2. 将"Windows 操作素材库\素材6\TIAN"文件夹中的文件 ARJ.EXP 设置为"只读"属性。

3. 在"Windows 操作素材库\素材6\ZHAO"文件夹中建立一个名为 GIRL 的新文件夹。

4. 将"Windows 操作素材库\素材6\SHEN\KANG"文件夹中的文件 BIAN.ARJ 移动到"Windows 操作素材库\素材6\HAN"文件夹中,并改名为 QULIU.ARJ。

5. 将"Windows 操作素材库\素材6"中的文件夹 FANG 删除。

二、任务操作

1. 操作步骤如下:

步骤1:打开"Windows 操作素材库\素材6\LI\QIAN"文件夹,选定 YANG 文件夹,右击鼠标,弹出快捷菜单。

步骤2:在快捷菜单中选择"复制"命令,或按快捷键〈Ctrl〉+〈C〉。

步骤3:打开"Windows 操作素材库\素材6\WANG"文件夹,右击鼠标,弹出快捷菜单。

步骤4:在快捷菜单中选择"粘贴"命令,或按快捷键〈Ctrl〉+〈V〉。

2. 操作步骤如下:

步骤1:打开"Windows 操作素材库\素材6\TIAN"文件夹,选定 ARJ.EXP 文件,右击鼠标,弹出快捷菜单。

步骤2:在快捷菜单中选择"属性"命令,即可打开"属性"对话框。

步骤3:在对话框中,勾选"只读"复选框,单击"确定"按钮。

3. 操作步骤如下:

步骤1:打开"Windows 操作素材库\素材6\ZHAO"文件夹,右击鼠标,弹出快捷菜单。

步骤2:在快捷菜单中选择"新建"→"文件夹"命令,即可创建新的文件夹,此时文件夹的名字处呈现蓝色可编辑状态,输入指定的名称 GIRL。

4. 操作步骤如下:

步骤1:打开"Windows 操作素材库\素材6\SHEN\KANG"文件夹,选定 BIAN.ARJ 文件,右击鼠标,弹出快捷菜单。

步骤2:在快捷菜单中选择"剪切"命令,或按快捷键〈Ctrl〉+〈X〉。

步骤 3:打开"Windows 操作素材库\素材 6\HAN"文件夹,右击鼠标,弹出快捷菜单。

步骤 4:在快捷菜单中选择"粘贴"命令,或按快捷键〈Ctrl〉+〈V〉。

步骤 5:选定移入的文件并按〈F2〉键,此时文件的名字处呈现蓝色可编辑状态,输入指定的名称 QULIU. ARJ。

5. 操作步骤如下:

步骤 1:选定"Windows 操作素材库\素材 6"中的文件夹 FANG。

步骤 2:按〈Delete〉键,弹出"删除文件"对话框。

步骤 3:单击"是"按钮,将文件夹删除到回收站。

三、任务巩固

1. 将"Windows 操作素材库\练习 6"中的 KEED 文件夹设置为"隐藏"和"只读"属性。

2. 将"Windows 操作素材库\练习 6"中的 QEEQ 文件夹移动到"Windows 操作素材库\练习 6\NET"文件夹中,并改名为 SUN。

3. 将"Windows 操作素材库\练习 6\DESK\DAR"文件夹中的文件 TOU. PAS 复制到"Windows 操作素材库\练习 6\CRT\SUMMER"文件夹中。

4. 将"Windows 操作素材库\练习 6\CREAMS"文件夹中的 SOUP 文件夹删除。

5. 在"Windows 操作素材库\练习 6"中建立一个名为 TEES. PDF 的文件。

任务 1.8　Windows 7 的基本操作七

一、任务要求

1. 将"Windows 操作素材库\素材 7\FENG\WANG"文件夹中的文件 BOOK. PRG 移动到"Windows 操作素材库\素材 7\CHANG"文件夹中,并将该文件改名为 TEXT. PRG。

2. 将"Windows 操作素材库\素材 7\CHU"文件夹中的文件 JIANG. TMP 删除。

3. 将"Windows 操作素材库\素材 7\REI"文件夹中的文件 SONG. FOR 复制到"Windows 操作素材库\素材 7\CHENG"文件夹中。

4. 在"Windows 操作素材库\素材 7\MAO"文件夹中建立一个新文件夹 YANG。

5. 将"Windows 操作素材库\素材 7\ZHOU\DENG"文件夹中的文件 OWER. DBF 设置为"隐藏"属性。

二、任务操作

1. 操作步骤如下:

步骤 1:打开"Windows 操作素材库\素材 7\FENG\WANG"文件夹,选定 BOOK. PRG 文

件,右击鼠标,弹出快捷菜单。

步骤 2:在快捷菜单中选择"剪切"命令,或按快捷键〈Ctrl〉+〈X〉。

步骤 3:打开"Windows 操作素材库\素材 7\CHANG"文件夹,右击鼠标,弹出快捷菜单。

步骤 4:在快捷菜单中选择"粘贴"命令,或按快捷键〈Ctrl〉+〈V〉。

步骤 5:选定移入的文件并按〈F2〉键,此时文件的名字处呈现蓝色可编辑状态,输入指定的名称 TEXT. PRG。

2. 操作步骤如下:

步骤 1:打开"Windows 操作素材库\素材 7\CHU"文件夹,选定 JIANG. TMP 文件。

步骤 2:按〈Delete〉键,弹出"删除文件"对话框。

步骤 3:单击"是"按钮,将文件删除到回收站。

3. 操作步骤如下:

步骤 1:打开"Windows 操作素材库\素材 7\REI"文件夹,选定 SONG. FOR 文件,右击鼠标,弹出快捷菜单。

步骤 2:在快捷菜单中选择"复制"命令,或按快捷键〈Ctrl〉+〈C〉。

步骤 3:打开"Windows 操作素材库\素材 7\CHENG"文件夹,右击鼠标,弹出快捷菜单。

步骤 4:在快捷菜单中选择"粘贴"命令,或按快捷键〈Ctrl〉+〈V〉。

4. 操作步骤如下:

步骤 1:打开"Windows 操作素材库\素材 7\MAO"文件夹,右击鼠标,弹出快捷菜单。

步骤 2:在快捷菜单中选择"新建"→"文件夹"命令,即可生成新的文件夹,此时文件夹的名字处呈现蓝色可编辑状态,输入指定的名称 YANG。

5. 操作步骤如下:

步骤 1:打开"Windows 操作素材库\素材 7\ZHOU\DENG"文件夹,选定 OWER. DBF 文件,右击鼠标,弹出快捷菜单。

步骤 2:在快捷菜单中选择"属性"命令,打开"属性"对话框。

步骤 3:在对话框中勾选"隐藏"复选框,单击"确定"按钮。

三、任务巩固

1. 将"Windows 操作素材库\练习 7"中的 KEED 文件夹设置为"隐藏"和"只读"属性。

2. 将"Windows 操作素材库\练习 7"中的 QEEN 文件夹复制到"Windows 操作素材库\练习 7\NEAR"文件夹中,并改名为 SUNE。

3. 将"Windows 操作素材库\练习 7\DEER\DAR"文件夹中的文件 TOUR. PAS 移动到"Windows 操作素材库\练习 7\CRY\SUMMER"文件夹中。

4. 将"Windows 操作素材库\练习 7\CREAM"文件夹中的 SOUP 文件夹删除。

5. 在"Windows 操作素材库\练习 7"中建立一个名为 TREE. DOCX 的文件。

项目 2 文字处理软件 Word 2016

Word 2016 是由微软公司开发设计的文字处理软件,是 Microsoft Office 2016 办公系列软件之一。

Word 2016 提供了出色的文档格式设置和图文编辑工具,使用者能够轻松、高效地组织和编写文档,包括美化文本、样式和模板的应用、自选图形与艺术字的应用、图片与文本框的应用、SmartArt 图形的应用、表格的相关应用、使用公式与图表、页面布局与打印、文档的审阅与保护,以及 Word 2016 的其他高级应用。Word 考点汇总如图 2-1 所示。

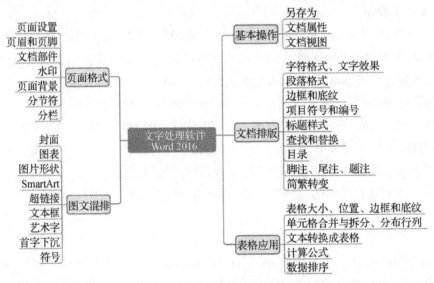

图 2-1 Word 考点汇总

任务2.1　文字处理综合案例一

一、任务要求

打开"文字处理素材库\素材1"中的"电子商务.DOCX"文件,编辑成如图2-2所示的样张,具体操作要求如下:

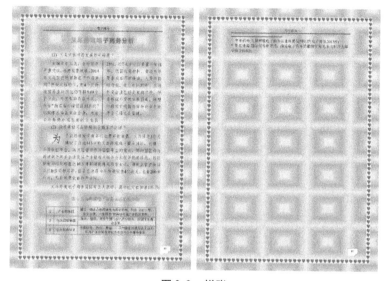

图2-2　样张

1. 将文中所有英文"EC"替换为"电子商务";将标题段文字"义乌跨境电子商务分析"应用"标题4"样式,并设置为小三、微软雅黑、居中;设置段前、段后间距为4磅,单倍行距,字符间距加宽1.5磅;标题段文字文本填充效果为"渐变填充",预设渐变为"底部聚光灯-个性色2",类型为"线性",方向为"线性向右",渐变光圈颜色为"紫色(标准色)",位置为"50%";标题阴影效果设置:预设为"透视"→"靠下",颜色为"绿色(标准色)",模糊为"6磅",距离为"10磅"。

2. 设置页面纸张大小为"自定义大小(18.2厘米×25.7厘米)";在页面顶端插入"空白"型页眉,利用"文档部件"在页眉内容处插入文档"主题"信息,页眉顶端距离为2厘米;在页面底端插入"书的折角"型页码,编号格式为罗马数字(Ⅰ,Ⅱ,Ⅲ,…),起始页码为"Ⅲ",页脚底端距离为2厘米;设置页面颜色填充效果为"渐变"→"预设"→"麦浪滚滚",底纹样式为"角部辐射";设置页面边框为"艺术型"中的"红心"。

3. 将正文各段落文字"1.1义乌实体市场发展势头……其功能定位如表1所示:"的中文字体设置为仿宋,英文字体设置为Symbol,字号为小四;设置段前、段后间距为0.3行,行距为1.25倍,并设置各段首行缩进2字符;将小标题"1.1义乌实体市场发展势头趋缓"

"1.2 投资建设义乌跨境电子商务产业园"的编号"1.1""1.2"分别修改为编号"（1）""（2）"；为小标题"（1）义乌实体市场发展势头趋缓"加尾注"王祖强等.发展跨境电子商务促进贸易便利化［J］.电子商务,2013(9).",尾注编号格式为"①,②,③…";将该标题下的一段"金融危机以来……而言已经迫在眉睫。"分成栏宽相等的两栏,中间加分隔线;为小标题"（2）投资建设义乌跨境电子商务产业园"加尾注"鄂立彬等.国际贸易新方式:跨境电子商务的最新研究［J］.东北财经大学学报,2014（2）.";将该标题下的一段"为了让跨境……凸显规模效益的产业园。"首字下沉两行（距正文 0.3 厘米）。

4.将文中最后 3 行文字按照制表符转换成一个 3 行 3 列的表格,设置表格居中;将表序和表题"表 1 义乌跨境电子商务园区功能定位"的文本效果设置为三维格式,其中底部棱台为角度,材料为特殊效果中的线框;将表序和表题的文本阴影效果设置为"透视"→"右上对角透视"、颜色为"红色（标准色）";设置表序和表题文字居中,段后间距为 0.4 行。

5.设置表格第 1 列列宽为 0.8 厘米、第 2 列列宽为 2.38 厘米、第 3 列列宽为 7.8 厘米;设置单元格的对齐方式为水平居中;设置表格的底纹为"白色,背景 1,深色 5%";设置表格的边框样式为"单实线 1 1/2 pt,着色 5";用边框刷设置表格的外框线为"1.5 磅单实线",表格的内框线为"0.75 磅单实线";保存文件。

二、任务操作

1.操作步骤如下:

步骤 1:按任务要求替换文字。打开"文字处理素材库\素材 1"中的"电子商务.DOCX"文件,在【开始】选项卡的【编辑】组中,单击"替换"按钮,弹出"查找和替换"对话框。在"查找内容"中输入"EC",在"替换为"中输入"电子商务",如图 2-3 所示,单击"全部替换"按钮,在弹出的提示框中单击"确定"按钮,返回到"查找和替换"对话框,最后单击"关闭"按钮。

图 2-3 "查找和替换"对话框

步骤 2:按任务要求设置标题文字样式。选择标题段文字"义乌跨境电子商务分析",在【开始】选项卡的【样式】组中右击"标题 4"选项,弹出快捷菜单,选择"修改"选项,如图 2-4 所示;在弹出的"修改样式"对话框中设置文字格式为"微软雅黑""小三""居中",如图 2-5 所示。

图 2-4 "修改"选项

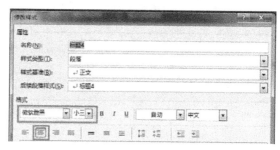

图 2-5 "修改样式"对话框

步骤3：按任务要求设置标题段落格式。单击"修改样式"对话框左下角的"格式"按钮，在弹出的列表中选择"段落"选项，如图 2-6 所示；在"段落"对话框中分别设置"段前""段后"为"4 磅"，"行距"为"单倍行距"，单击"确定"按钮，如图 2-7 所示。

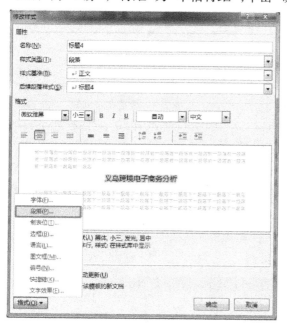

图 2-6 "段落"选项

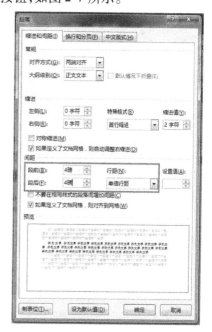

图 2-7 "段落"对话框

步骤4：按任务要求设置标题字符间距。单击"修改样式"对话框左下角的"格式"按钮，在弹出的列表中选择"字体"选项，如图 2-8 所示；在"高级"选项卡中分别设置"间距"为"加宽"，"磅值"为"1.5 磅"，单击"确定"按钮，如图 2-9 所示。

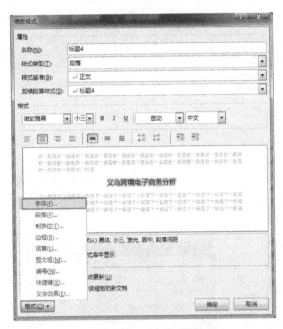

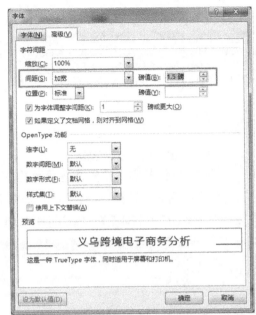

图 2-8 "字体"选项   图 2-9 设置字符间距

步骤5：按任务要求设置标题文本效果格式。再次单击"修改样式"对话框左下角的"格式"按钮，在弹出的列表中选择"文本效果"选项，如图2-10所示；在"文本填充与轮廓"选项卡中设置"文本填充"为"渐变填充"，如图2-11所示，分别设置"预设渐变"为"底部聚光灯-个性色2"，"类型"为"线性"，"方向"为"线性向右"，"颜色"为"紫色（标准色）"，"位置"为50%，如图2-12所示；在"文字效果"选项卡中设置标题阴影效果："预设"为"透视"→"靠下"（图2-13），"颜色"为"绿色（标准色）"，"模糊"为"6磅"，"距离"为"10磅"，单击"确定"按钮，如图2-14所示。

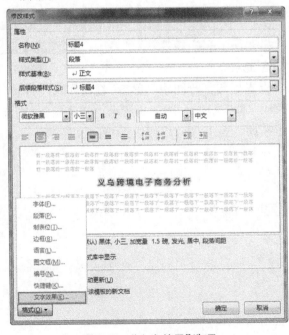

图 2-10 "文字效果"选项

图 2-11　"渐变填充"选项

图 2-12　设置预设渐变

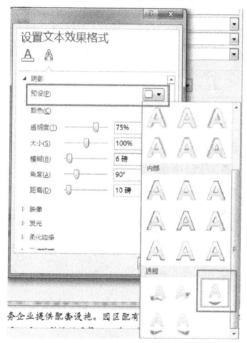

图 2-13　设置阴影预设效果

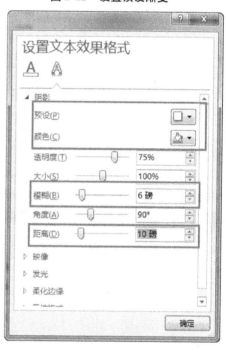

图 2-14　设置阴影效果

2. 操作步骤如下：

步骤1：按任务要求设置纸张大小。切换到【布局】选项卡，单击【页面设置】组中的"纸张大小"按钮，在弹出的下拉列表中选择"其他纸张大小"，如图 2-15 所示；在弹出的"页面设置"对话框中，设置"纸张大小"为"自定义大小"，"宽度"为"18.2 厘米"，"高度"为"25.7 厘米"，单击"确定"按钮，如图 2-16 所示。

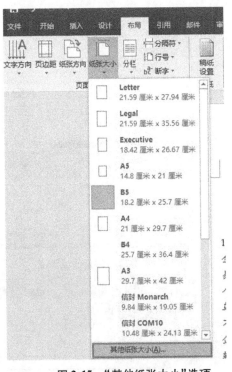

图2-15 "其他纸张大小"选项

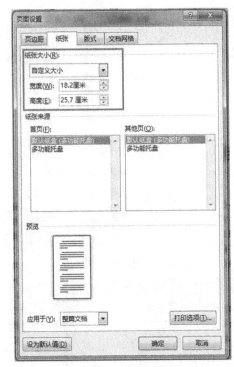

图2-16 设置纸张大小

步骤2：按任务要求插入页眉。切换到【插入】选项卡，单击【页眉和页脚】组中的"页眉"按钮，在弹出的下拉列表中选择"空白"，在页面顶端插入"空白"型页眉，如图2-17所示。在【页眉和页脚工具 | 设计】选项卡中，单击【插入】组中的"文档部件"下"文档属性"中的"主题"按钮。在【位置】组中设置"页眉顶端距离"为"2厘米"，如图2-18所示。

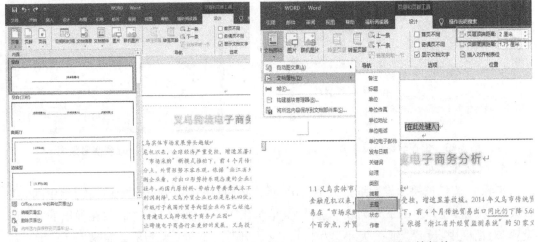

图2-17 设置页眉　　　　　　　　　　　图2-18 设置文档部件

步骤3：按任务要求插入页码。切换到【插入】选项卡，单击【页眉和页脚】组中的"页码"按钮，在弹出的下拉列表中选择"页面底端"下的"书的折角"，如图2-19所示。在【页眉和页脚工具 | 设计】选项卡中，单击【页眉和页脚】组中的"页码"按钮，在下拉列表中选

择"设置页码格式",弹出"页码格式"对话框,设置"编号格式"为"I,II,III,…",选中"起始页码"单选钮,并设置为"III",单击"确定"按钮。在【位置】组中设置"页脚底端距离"为"2厘米"。在【关闭】组中,单击"关闭页眉和页脚"按钮,如图 2-20 所示。

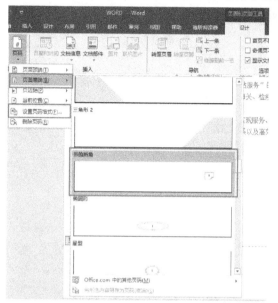

图 2-19　设置页码样式

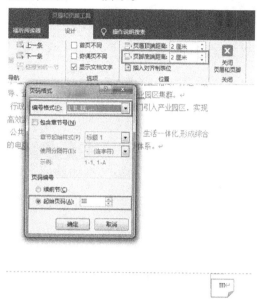

图 2-20　设置页码格式

步骤 4:按任务要求设置页面颜色填充效果。切换到【设计】选项卡,单击【页面背景】组中"页面颜色"按钮,在弹出的下拉列表中选择"填充效果",如图 2-21 所示;在弹出的"填充效果"对话框中,设置"渐变"选项卡中的"颜色"为"预设","预设颜色"为"麦浪滚滚","底纹样式"为"角部辐射",单击"确定"按钮,如图 2-22 所示。

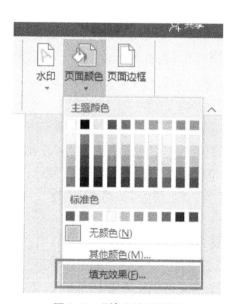

图 2-21　"填充效果"选项

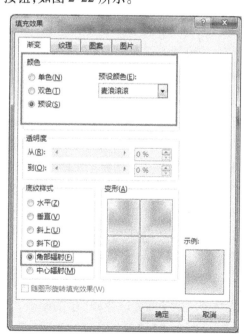

图 2-22　设置渐变

步骤5：按任务要求设置页面边框。切换到【设计】选项卡，单击【页面背景】组中的"页面边框"按钮，如图2-23所示，在弹出的"边框和底纹"对话框中选择"页面边框"选项卡，设置"艺术型"为"红心"，单击"确定"按钮，如图2-24所示。

图2-23　设置页面边框

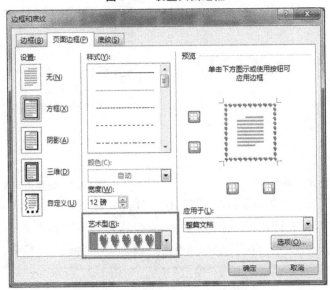

图2-24　"边框和底纹"对话框

3．操作步骤如下：

步骤1：按任务要求设置文字格式。选中正文各段落"1.1 义乌实体市场发展势头……其功能定位如表1所示："，在【开始】选项卡中，单击【字体】组右下角的"字体"对话框启动器按钮，打开"字体"对话框，设置"中文字体"为"仿宋"，设置"西文字体"为"Symbol"，设置"字号"为"小四"，单击"确定"按钮，如图2-25所示。

步骤2：按任务要求设置正文段落行距。选中正文各段落，在【开始】选项卡中，单击【段落】组右下角的"段落设置"对话框启动器按钮，打开"段落"对话框。在"缩进和间距"选项卡的"间距"选项组中设置"段前""段后"均为"0.3 行"，"行距"为"多倍行距"，"设置值"为"1.25"。在"缩进"选项组中设置"特殊格式"为"首行缩进"，"缩进值"为"2 字符"，单击"确定"按钮，如图2-26所示。

步骤3：按任务要求修改编号。将小标题"1.1 义乌实体市场发展势头趋缓""1.2 投资建设义乌跨境电子商务产业园"中的编号"1.1""1.2"删除，同时选中两个小标题，在【开始】选项卡中，单击【段落】组中的"编号"下拉按钮，在弹出的下拉列表中选择"定义新编号

图 2-25 "字体"对话框

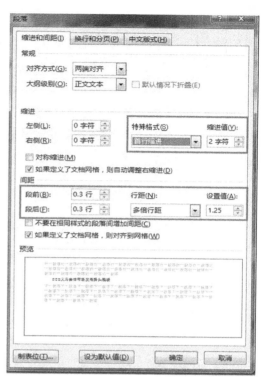

图 2-26 "段落"对话框

格式"选项，如图 2-27 所示，在弹出的对话框中设置"编号格式"为"（1）"，如图 2-28 所示。

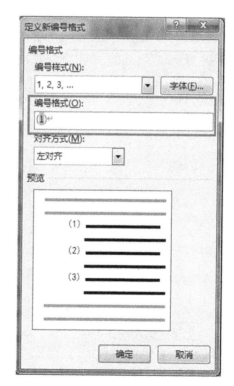

图 2-27 "定义新编号格式"选项

图 2-28 "定义新编号格式"对话框

步骤4:按任务要求设置尾注。选中小标题"(1)义乌实体市场发展势头趋缓",切换到【引用】选项卡,单击【脚注】组右下角的"脚注和尾注"对话框启动器按钮,打开"脚注和尾注"对话框。在"位置"选项组中选中"尾注"单选钮。在"格式"选项组中设置"编号格式"为"①,②,③ …"样式,单击"插入"按钮,如图2-29所示。在页面底端脚注处输入"王祖强等.发展跨境电子商务促进贸易便利化[J].电子商务,2013(9)."。

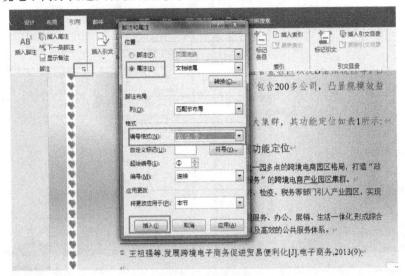

图2-29 设置尾注①

步骤5:按任务要求设置分栏。选中段落"金融危机以来……而言已经迫在眉睫。",切换到【布局】选项卡,单击【页面设置】组中的"分栏"按钮,在弹出的下拉列表中选择"更多分栏",如图2-30所示,弹出"分栏"对话框。在"预设"选项组中选择"两栏",再勾选"栏宽相等"和"分隔线"复选框,单击"确定"按钮,如图2-31所示。

图2-30 "更多分栏"选项

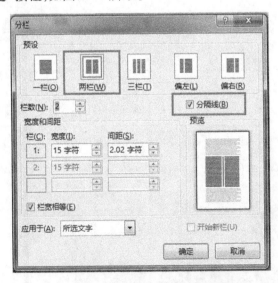

图2-31 "分栏"对话框

步骤6:按任务要求设置尾注。为小标题"(2)投资建设义乌跨境电子商务产业园"加

尾注"鄂立彬等.国际贸易新方式:跨境电子商务的最新研究[J].东北财经大学学报,2014
(2).",操作方法同步骤4,如图2-32所示。

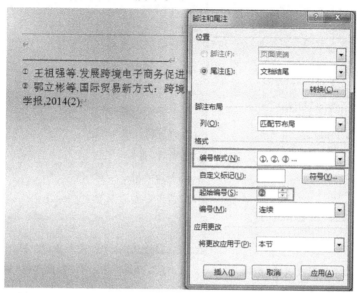

图 2-32 设置尾注②

步骤7:按任务要求设置首字下沉。选中段落"为了让跨境……凸显规模效益的产业
园。",切换到【插入】选项卡,单击【文本】组中的"首字下沉"按钮,在弹出的下拉列表中选
择"首字下沉选项",如图2-33所示;在弹出的"首字下沉"对话框的"位置"选项组中选择
"下沉",设置"下沉行数"为"2",设置"距正文"为"0.3厘米",单击"确定"按钮,如图2-34
所示。

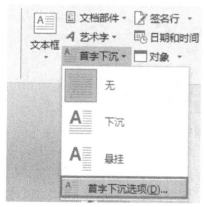

图 2-33 "首字下沉选项"选项

图 2-34 "首字下沉"对话框

4. 操作步骤如下:

步骤1:按任务要求将文本转换成表格。选中文中最后3行文字,在【插入】选项卡中,
单击【表格】组中的"表格"按钮,在弹出的下拉列表中选择"文本转换成表格",如图2-35
所示;在弹出的"将文字转换成表格"对话框的"表格尺寸"选项组中,设置"列数""行数"
均为3,单击"确定"按钮,如图2-36所示。

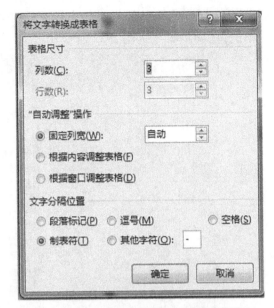

图 2-35 "文本转换成表格"选项　　　　图 2-36 "将文字转换成表格"对话框

步骤 2：按任务要求设置表格居中。选中表格，切换到【开始】选项卡，单击【段落】组中的"居中"按钮，如图 2-37 所示。

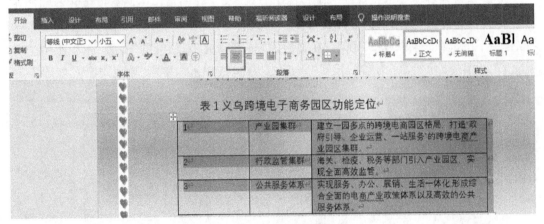

图 2-37 设置表格居中

步骤 3：按任务要求设置表序和表题文本效果。选中表序和表题文字"表 1 义乌跨境电子商务园区功能定位"，在【开始】选项卡中，单击【字体】组右下角的"字体"对话框启动器按钮，弹出"字体"对话框；在"字体"对话框中单击"文字效果"按钮，弹出"设置文本效果格式"对话框；在"文字效果"选项卡中，选择"三维格式"→"底部棱台"→"棱台"→"角度"，如图 2-38 所示，选择"材料"→"特殊效果"→"线框"，如图 2-39 所示，单击"确定"按钮。

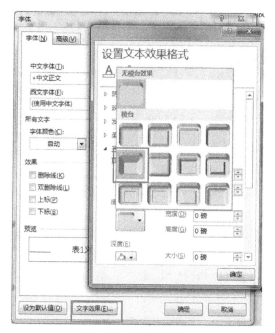

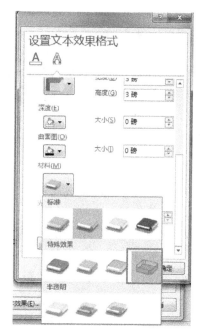

图 2-38　设置棱台效果　　　　　　　图 2-39　设置材料

步骤4：按任务要求设置表序和表题文本阴影效果。选中表序和表题文字，在【开始】选项卡中，单击【字体】组中的"文本效果和版式"按钮，在弹出的下拉列表中选择"阴影"→"透视"→"右上对角透视"，如图 2-40 所示；单击"阴影选项"，在弹出的"设置文本效果格式"任务窗格中设置颜色为"红色（标准色）"，如图 2-41 所示。

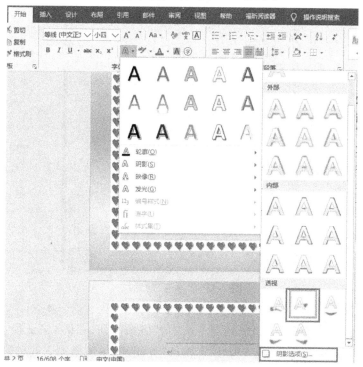

图 2-40　设置阴影效果

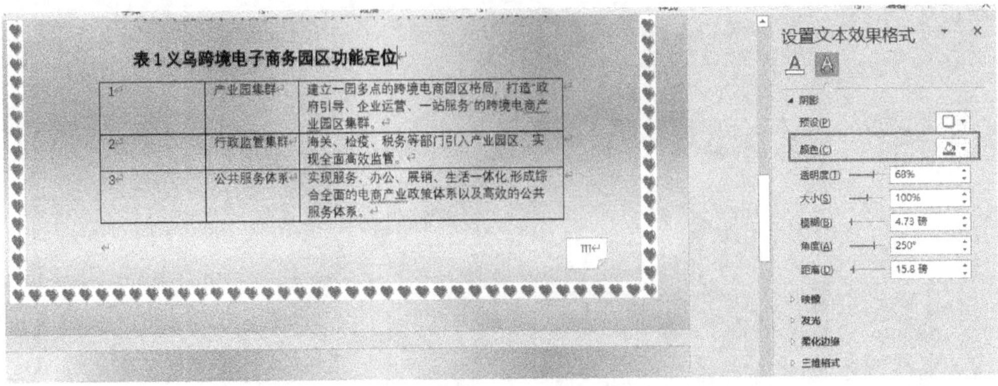

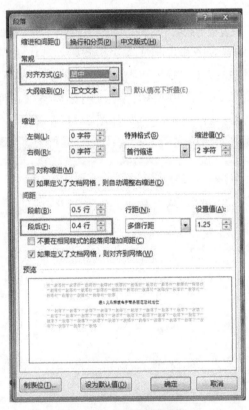

图 2-41　设置颜色

步骤5:按任务要求设置表序和表题段落属性。选中表序和表题段文字,在【开始】选项卡中,单击【段落】组右下角的"段落设置"对话框启动器按钮,打开"段落"对话框,设置"对齐方式"为"居中",设置"间距"选项组中的"段后"为"0.4 行",单击"确定"按钮,如图 2-42 所示。

图 2-42　"段落"对话框

5. 操作步骤如下:

步骤1:按任务要求设置表格的列宽。选中表格第 1 列,在【表格工具｜布局】选项卡的【单元格大小】组中,设置"宽度"为"0.8 厘米"。同理,将表格第 2 列和第 3 列的列宽分别设置为"2.38 厘米"和"7.8 厘米",如图 2-43 所示。

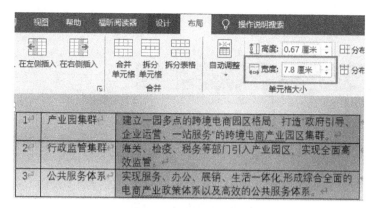

图 2-43　设置表格列宽

步骤 2：按任务要求设置单元格的对齐方式。选中表格，在【表格工具｜布局】选项卡的【对齐方式】组中，单击"水平居中"按钮，如图 2-44 所示。

图 2-44　设置单元格的对齐方式

步骤 3：按任务要求设置表格的底纹。选中表格，在【表格工具｜设计】选项卡的【表格样式】组中，单击"底纹"下拉按钮，在弹出的下拉列表中选择"白色，背景 1，深色 5%"，如图 2-45 所示。

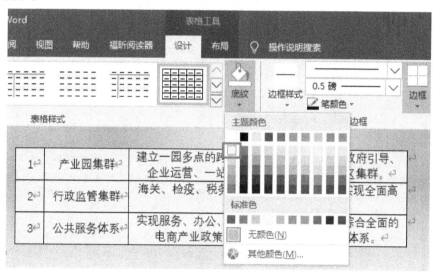

图 2-45　设置表格的底纹

步骤 4：按任务要求设置表格的边框样式。选中表格，在【表格工具｜设计】选项卡的【边框】组中，单击"边框样式"下拉按钮，在弹出的下拉列表中选择"单实线 1 1/2 pt，着色 5"。用边框刷设置框线为"1.5 磅单实线"，并选择"边框"为"外侧框线"；同理，设置框线

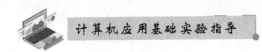

为"0.75 磅单实线",并选择"边框"为"内部框线",如图 2-46 所示。表格的边框样式效果如图 2-47 所示。

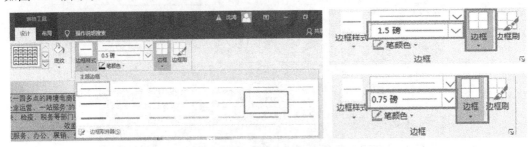

图 2-46　设置表格的边框样式

1	产业园集群	建立一园多点的跨境电商园区格局，打造"政府引导、企业运营、一站服务"的跨境电商产业园区集群。
2	行政监管集群	海关、检疫、税务等部门引入产业园区，实现全面高效监管。
3	公共服务体系	实现服务、办公、展销、生活一体化,形成综合全面的电商产业政策体系以及高效的公共服务体系。

图 2-47　表格效果示例

步骤 5：保存文件。

三、任务巩固

打开"文字处理素材库\练习 1"中的"信息与计算机.DOCX"文件,编辑成如图 2-48 所示的样张,具体操作要求如下：

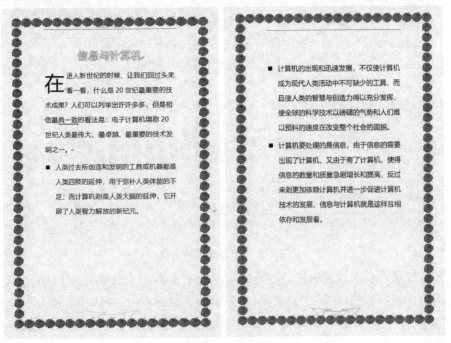

图 2-48　样张

1. 对文中所有内容进行繁简转换；调整文字方向为"水平"、纸张方向为"纵向"，设置文档页面的纸张大小为"16厘米×24厘米"（宽度×高度）、上下页边距为3.1厘米；为文档添加"空白"型页眉，利用"文档部件"在页眉内容处插入文档的"备注"信息；在页面底端插入"带状物"型页码，设置页码编号格式为"I，II，III，…"、起始页码为"IV"；设置页面颜色的填充效果为"纹理"→"羊皮纸"；为页面左右两侧添加20磅宽、红苹果样式的艺术型边框。

2. 将标题段文字"信息与计算机"的文字格式设置为二号、黑体、加粗、字符间距加宽3磅，段落格式设置为居中、段后间距1行；文本效果设置为"填充-白色，轮廓-蓝色，主题5，阴影"。

3. 设置正文各段文字"在进入……发展着。"的文字格式为四号、微软雅黑，段落格式为1.25倍行距、段前间距0.5行；设置正文第1段"在进入……发明之一。"首字下沉2行（距正文0.2厘米），为正文其余段落"人类……发展着。"添加样式为"■"的项目符号；在正文第2段"人类……新纪元。"和第3段"计算机的出现……面貌。"之间插入分页符。

任务2.2　文字处理综合案例二

一、任务要求

打开"文字处理素材库\素材2"中的"人生.DOCX"文件，编辑成如图2-49所示的样张，具体操作要求如下：

校园报

活出精彩 撑出人生

人生在世，需要去拼搏。也许在最后不会达到我们一开始所设想的目标，也许不能够如愿以偿。但，人生中会有许许多多的梦想，真正实现的却少之又少。我们在追求梦想的时候，肯定会有很多的困难与失败，但我们应该以一颗平常心去看待我们的失利。"人生岂能尽如人意，在世只求无愧我心"只要我们尽力地、努力地、坚持地去做，我们不仅会感到取得成功的喜悦，还会感到一种叫作充实和满足的东西。

"记住该记住的，忘记该忘记的。改变能改变的，接受不能接受的。"有机会就拼搏，没机会就安心休息。趁还活着，快去拼搏人生，需要学会坚强。生活处处有阳光，但阳光之前总是要经历风雨的。小草的生命是那么卑微，是那么的脆弱，但是小草在人生当中并未卑微、弱小，而是显得那么坚强。种子第一次播种，那是希望在发芽；圣火第一次点燃，那是希望在燃烧；荒漠披上绿洲，富饶代替了贫瘠，天堑变成了通途。这都是希望在绽放，坚强在开花。时间真的会让人改变，在成长中，我终于学会了坚强。

校园报

班级	金牌	银牌	铜牌	各班合计
奖牌合计	49	38	38	125
商务1班	8	6	5	19
电子1班	8	4	2	14
电子2班	7	2	4	13
商务2班	7	2	1	10
网络2班	5	6	3	14
电子3班	5	5	7	17
国贸1班	4	4	5	13
网络1班	3	6	6	15
国贸2班	2	3	5	10

图 2-49　样张

1. 将文中所有错词"人声"替换为"人生";将标题"活出精彩　搏出人生"应用"标题1"样式,并设置为小三号、隶书,段前、段后间距均为 6 磅、单倍行距、居中,设置标题字体颜色为"橙色,个性色 2,深色 25%";设置文本效果为"映像"→"映像变体"→"紧密映像,4 pt偏移量",修改标题阴影效果为"内部"→"内部右上角";在"文件"选项卡中编辑文档属性信息,修改作者为"NCER"、单位为"NCRE"、标题为"活出精彩—搏出人生"。

2. 设置纸张方向为"横向";设置页边距为上下各 3 厘米,左右各 2.5 厘米,装订线位于左侧 3 厘米处;设置页眉、页脚各距边界 2 厘米,每页 24 行;添加"空白"型页眉,键入文字"校园报",设置页眉文字为小四号、黑体、深红色(标准色)、加粗;为页面添加水平文字水印"精彩人生",文字颜色为"绿色,个性色 6,淡色 80%"。

3. 将正文第 1、第 2 段"人生在世,需要去……我终于学会了坚强。"设置为小四号、楷体;设置首行缩进 2 字符,行距为 1.15 倍;将文本"人生在世,需要去……我终于学会了坚强。"分为等宽的两栏,栏宽为 28 字符,并添加分隔线;将文本"记住该记住的,忘记该忘记的。改变能改变的,接受不能接受的。"设置为黄色突出显示;在"校运动会奖牌排行榜"前面的空行处插入"Word 素材\任务 2"文件夹下的图片"picture1. JPG",设置图片高度为5 厘米,宽度为 7.5 厘米,文字环绕为上下型,艺术效果为"马赛克气泡、透明度 80%"。

4. 将文中后 12 行文字转换为一个 12 行 5 列的表格,文字分隔位置为"空格";设置表格列宽为 2.5 厘米,行高为 0.5 厘米;将表格第 1 行合并为一个单元格,内容水平居中;设置表格样式为"网格表 4-着色 2";设置表格整体对齐方式为居中。

5. 将表格第 1 行文字"校运动会奖牌排行榜"设置为小三号、黑体、字间距加宽 1.5 磅;统计各班金、银、铜牌总数,将各类奖牌合计填入相应的行和列;按金牌为主要关键字、降序,银牌为次要关键字、降序,铜牌为第三关键字、降序,对 9 个班进行排序;保存文件。

二、任务操作

1. 操作步骤如下:

步骤 1:按任务要求替换文字。打开"文字处理素材库\素材 2"中的"人生. DOCX"文件,在【开始】选项卡中,单击【编辑】组中的"替换"按钮,弹出"查找和替换"对话框。在"查找内容"中输入"人声",在"替换为"中输入"人生",如图 2-50 所示,单击"全部替换"按钮。在弹出的提示框中单击"确定"按钮。返回"查找和替换"对话框,单击"关闭"按钮。

图 2-50　"查找和替换"对话框

步骤 2:按任务要求设置标题段字体。选中标题段文字"活出精彩　搏出人生",在【开始】选项卡中,单击【样式】组中的"标题 1"样式;在【字体】组中设置"字体"为"隶书",设置"字号"为"小三",如图 2-51 所示;单击"字体颜色"下拉按钮,选择"橙色,个性色 2,深色25%",如图 2-52 所示。切换到【开始】选项卡,单击【段落】组右下角的"段落设置"对话框启动器按钮,弹出"段落"对话框,设置"段前""段后"均为"6 磅"、"行距"为"单倍行距"、"对齐方式"为"居中",如图 2-53 所示。

图 2-51　"样式"选项卡

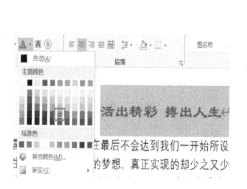

图 2-52　设置字体颜色

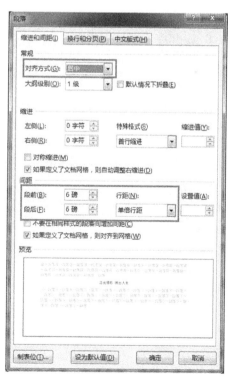

图 2-53　"段落"对话框

步骤3:按任务要求设置文本效果。选中标题段文字,在【开始】选项卡中,单击【字体】组中的"文本效果和版式"按钮,在弹出的下拉列表中选择"映像"→"映像变体"→"紧密映像,4 pt 偏移量",如图 2-54 所示。修改标题"阴影"效果为"内部",再选择"内部右上角",如图 2-55 所示。

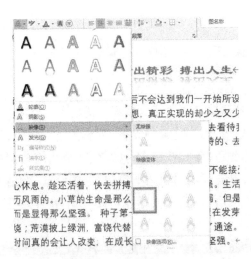

图 2-54 "映像"选项　　　　　　　　　　图 2-55 "阴影"选项

步骤4:按任务要求设置文档属性。在【文件】选项卡中,单击【信息】组,在"属性"下单击"显示所有属性",修改"作者"为"NCER"、"单位"为"NCRE"、"标题"为"活出精彩—博出人生",如图 2-56 所示。

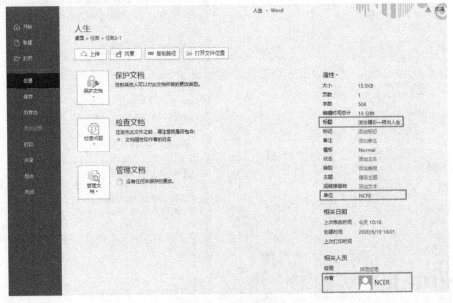

图 2-56 设置文档属性

2. 操作步骤如下：

步骤1：按任务要求设置页面边距。在【布局】选项卡中，单击【页面设置】组右下角的"页面设置"对话框启动器按钮，打开"页面设置"对话框，选择"纸张方向"为"横向"。在"页边距"选项组中设置"上""下"均为"3厘米"，"左""右"均为"2.5厘米"，"装订线"为"3厘米"，"装订线位置"为"靠左"，如图2-57所示。

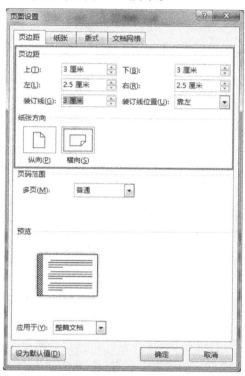

图2-57 "页面设置"对话框

步骤2：按任务要求设置页眉、页脚距边界的距离。在【布局】选项卡中，单击【页面设置】组右下角的"页面设置"对话框启动器按钮，打开"页面设置"对话框，单击"版式"选项卡，在"页眉和页脚"选项组设置距边界中的"页眉""页脚"均为"2厘米"，如图2-58所示。单击"文档网格"选项卡，在"行"选项组下设置每页"24"行，如图2-59所示。

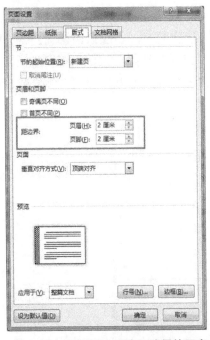
图 2-58 设置页眉、页脚距边界的距离

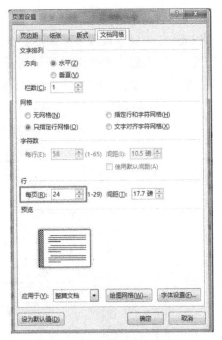
图 2-59 "文档网格"选项卡

步骤 3：按任务要求为文档添加页眉。切换到【插入】选项卡，单击【页眉和页脚】组中的"页眉"按钮，在弹出的下拉列表中选择"空白"，如图 2-60 所示，输入页眉内容"校园报"。选中页眉内容，切换到【开始】选项卡，在【字体】组中设置"字体"为"黑体"，设置"字形"为"加粗"，设置"字号"为"小四"，设置"字体颜色"为"深红色（标准色）"，如图 2-61 所示。单击【页眉和页脚｜设计】选项卡的【关闭】组中的"关闭页眉和页脚"按钮。

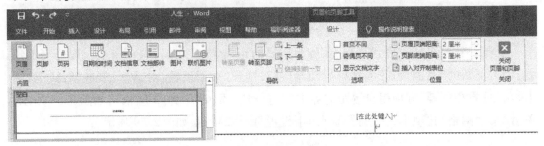
图 2-60 添加页眉

图 2-61 设置页眉字体

步骤 4：按任务要求为页面添加水印。切换到【设计】选项卡，单击【页面背景】组中的"水印"按钮，在弹出的下拉列表中选择"自定义水印"，在弹出的"水印"对话框中选择"文

字水印"单选钮,设置"文字"为"精彩人生",颜色为"绿色,个性色 6,淡色 80%","版式"
为"水平",单击"确定"按钮,如图 2-62 所示。

图 2-62　添加水印

3. 操作步骤如下:

步骤 1:按任务要求设置正文字体。选中正文第 1、第 2 段"人生在世,需要去……我终
于学会了坚强。",在【开始】选项卡的【字体】组中,设置"字体"为"楷体",设置"字号"为
"小四",如图 2-63 所示。

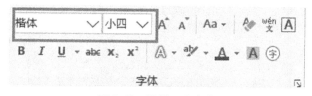

图 2-63　设置正文字体

步骤 2:按任务要求设置正文段落属性。选中正文各段落,在【开始】选项卡中,单击
【段落】组右下角的"段落设置"对话框启动器按钮,弹出"段落"对话框。在"缩进"选项组
中,设置"特殊格式"为"首行缩进","缩进值"为"2 字符";在"间距"选项组中设置"行距"
为"多倍行距","设置值"为"1.15",单击"确定"按钮,如图 2-64 所示。

步骤 3:按任务要求设置分栏。选中文本"人生在世,需要去……我终于学会了坚
强。",切换到【布局】选项卡,单击【页面设置】组中的"分栏"按钮,在弹出的下拉列表中选
择"更多分栏",弹出"分栏"对话框。在"预设"选项组中选择"两栏",勾选"栏宽相等"复
选框,设置"宽度"为"28 字符",勾选"分隔线"复选框,单击"确定"按钮,如图 2-65 所示。

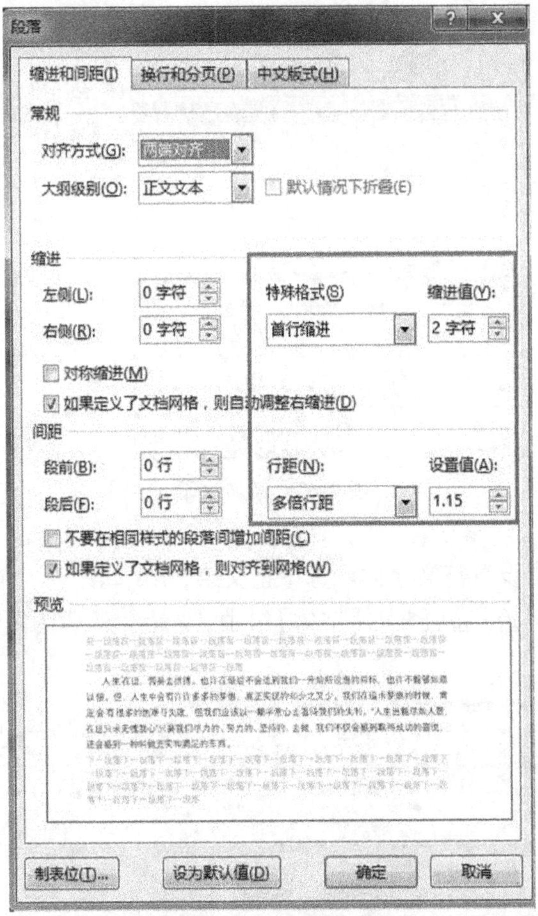

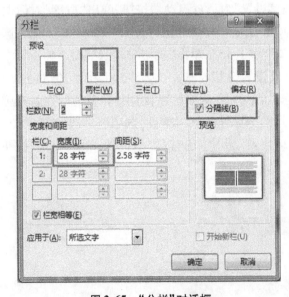

图 2-64 "段落"对话框

图 2-65 "分栏"对话框

步骤4:按任务要求设置文本突出显示。选中文本"记住该记住的,忘记该忘记的。改变能改变的,接受不能接受的。",在"开始"选项卡中,单击"字体"组中的"以不同颜色突出显示文本"下拉按钮,在弹出的下拉列表中选择"黄色",如图2-66所示。

做,我们不仅会感到取得成功的喜悦,还会感到一种叫作充实和满足的东西。↵

"记住该记住的,忘记该忘记的。改变能改变的,接

图2-66 设置文本突出显示

步骤5:按任务要求插入图片并设置属性。将光标放置在"校运动会奖牌排行榜"前面,在【插入】选项卡中,单击【插图】组中的"图片"按钮,选择正确路径,插入"Word 素材\任务2"文件夹下的图片"picture1.JPG"。在【图片工具 | 格式】选项卡的【大小】组中,设置"高度"为"5 厘米",设置"宽度"为"7.5 厘米"。在【图片工具 | 格式】选项卡的【排列】组中,设置"环绕文字"方式为"上下型环绕",如图2-67所示。在【图片工具 | 格式】选项卡下的【调整】组中,设置"艺术效果"为"马赛克气泡",设置"艺术效果选项"中的"艺术效果"为"透明度80%",如图2-68所示。

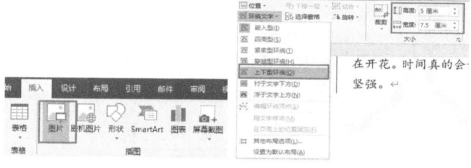

图2-67 插入图片

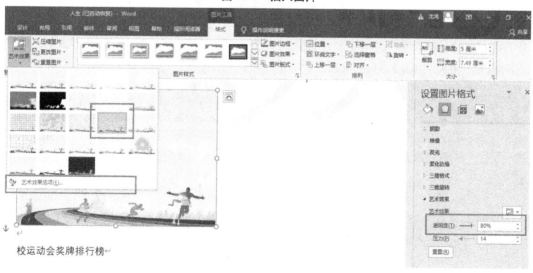

图2-68 设置图片属性

4. 操作步骤如下：

步骤1：按任务要求将文字转换成表格。选中文本最后12行文字，切换到【插入】选项卡，单击【表格】组中的"表格"按钮，在弹出的下拉列表中选择"文本转换成表格"，弹出"将文字转换成表格"对话框。在"表格尺寸"选项组中，设置"列数"为"5"，设置"行数"为"12"。在"文字分隔位置"选项组中选中"空格"单选钮，单击"确定"按钮，如图2-69所示。

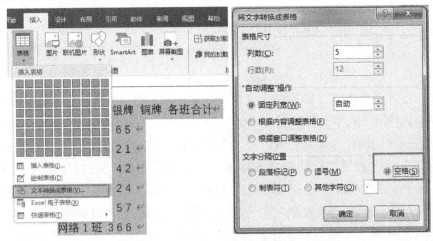

图2-69 将文字转换成表格

步骤2：按任务要求设置表格列宽和行高。选中整个表格，在【表格工具｜布局】选项卡的"单元格大小"组中，设置"高度"为"0.5厘米"，设置"宽度"为"2.5厘米"，如图2-70所示。

图2-70 设置表格列宽和行高

步骤3：按任务要求合并单元格并设置对齐方式。选中表格第1行所有单元格，在【表格工具｜布局】选项卡中，单击【合并】组中的"合并单元格"按钮，单击【对齐方式】组中的"水平居中"按钮，如图2-71所示。

图2-71 合并单元格并设置对齐方式

步骤4：按任务要求设置表格样式。选中整个表格，在【表格工具｜设计】选项卡中，单击【表格样式】组中的"其他"按钮，在弹出的列表中选择"网格表4-着色2"，如图2-72所示。

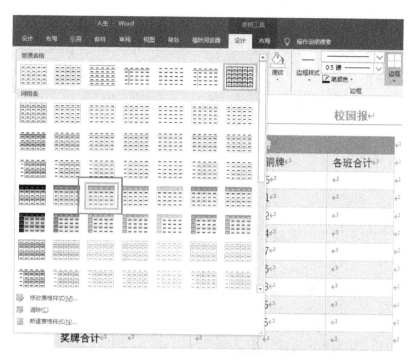

图 2-72　设置表格样式

步骤 5：按任务要求设置表格整体对齐方式。选中整个表格，切换到【开始】选项卡，单击【段落】组中的"居中"按钮，如图 2-73 所示。

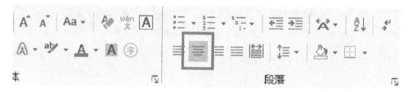

图 2-73　设置表格整体对齐方式

5．操作步骤如下：

步骤 1：按任务要求设置文字格式。选中表格第 1 行中的文字，在【开始】选项卡中，单击【字体】组右下角的"字体"对话框启动器按钮，打开"字体"对话框。在"字体"选项卡中设置"中文字体"为"黑体"，设置"字号"为"小三"。切换到"高级"选项卡，设置"间距"为"加宽"，设置"磅值"为"1.5 磅"，单击"确定"按钮，如图 2-74 所示。

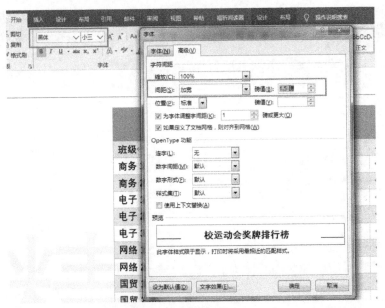

图 2-74　设置文字格式

步骤 2：按任务要求利用公式计算"各班合计"列内容。单击表格最后一列第 3 行单元格，在【表格工具 | 布局】选项卡的【数据】组中，单击"*fx* 公式"按钮，弹出"公式"对话框。在"公式"框中输入"= SUM(LEFT)"，如图 2-75 所示，单击"确定"按钮。同理，计算表格最后一列的第 4 ~ 11 行单元格的值。

图 2-75　利用"公式"计算"各班合计"

步骤 3：按任务要求利用公式计算"奖牌合计"行内容。单击表格最后一行第 2 列单元格，在【表格工具 | 布局】选项卡中，单击【数据】组中的"*fx* 公式"按钮，弹出"公式"对话框。在"公式"框中输入"= SUM(ABOVE)"，单击"确定"按钮。同理，计算表格最后一行的第 3 ~ 5 列单元格的值，如图 2-76 所示。

图 2-76　利用"公式"计算"奖牌合计"

步骤 4:按任务要求对表格进行排序。选中表格第 2 ~ 11 行,在【表格工具丨布局】选
项卡中,单击【数据】组中的"排序"按钮,弹出"排序"对话框。在"列表"选项组中选中"有
标题行"单选钮,设置"主要关键字"为"金牌",选中"降序"单选钮;设置"次要关键字"为
"银牌",选中"降序"单选钮;设置"第三关键字"为"铜牌",选中"降序"单选钮,单击"确
定"按钮,如图 2-77 所示。

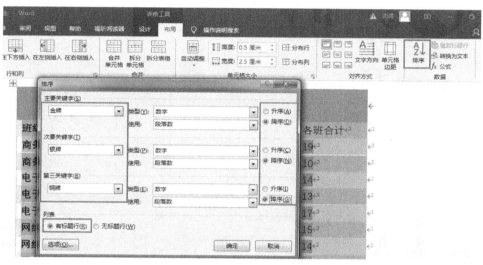

图 2-77　设置表格排序

步骤 5:保存文件。

三、任务巩固

打开"文字处理素材库\练习 2"中的"全球主要市场指数一览.DOCX"文件,编辑成如
图 2-78 所示的样张,具体操作要求如下:

2001 年 11 月 1 日全球主要市场指数一览			
指数名称	最新指数	涨跌	涨跌幅(%)
纳斯达克指数	1690	22.79	1.367
恒升指数	10158	84.88	0.8426
日经指数	10347	-19.06	-0.1839
金融时报指数	5025	-14.40	-0.2857
道琼斯指数	9075	-46.84	-0.5135
法兰克福指数	4506	-53.04	-1.1634

图 2-78　样张

1. 将文中后 7 行文字转换成一个 7 行 3 列的表格，在表格右侧增加一列，输入列标题“涨跌幅(%)”；按公式“涨跌幅 = 100 × 涨跌/(最新指数 - 涨跌)”在新增列相应单元格内填入涨跌幅；按“涨跌幅(%)”列依据“数字”类型降序排列表格内容；设置表格居中，表格中第 1 行和第 1 列的文字水平居中，表格中的其余文字全部右对齐。

2. 设置表格第 1 列列宽为 3 厘米、其余列列宽为 2.7 厘米，表格行高为 0.7 厘米；设置表格单元格的左右边距均为 0.3 厘米；设置表格外框线和第 1、第 2 行间的内框线为红色(标准色)、0.5 磅双窄线，其余内框线为红色(标准色)、0.5 磅单实线；为表格第 1 行添加“橙色，个性色 2，淡色 60%”的底纹，其余行添加图案样式为“15%、黄色(标准色)”的底纹。

任务 2.3　文字处理综合案例三

一、任务要求

打开“文字处理素材库\素材 3”中的“奥运会.DOCX”文件，编辑成如图 2-79 所示的样张，具体操作要求如下：

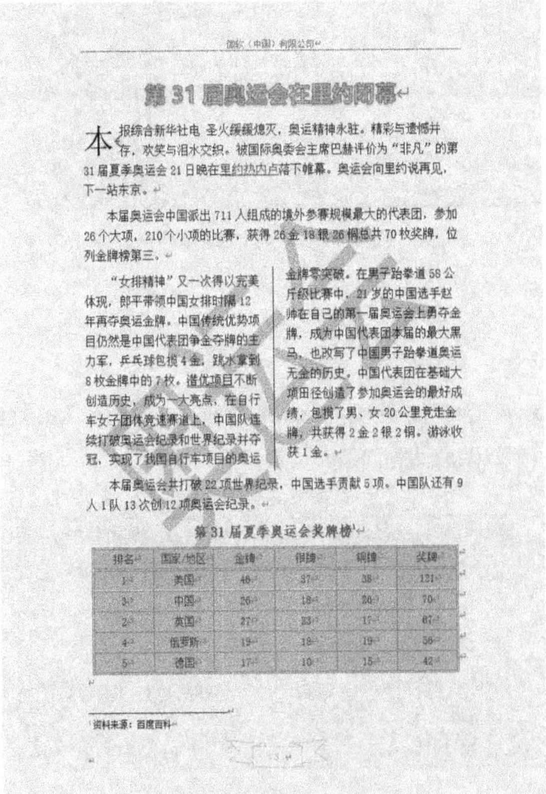
微软（中国）有限公司

第 31 届奥运会在里约闭幕

本报综合新华社电 圣火缓缓熄灭，奥运精神永驻。精彩与遗憾并存，欢笑与泪水交织。被国际奥委会主席巴赫评价为“非凡”的第 31 届夏季奥运会 21 日晚在里约热内卢落下帷幕。奥运会向里约说再见，下一站东京。

本届奥运会中国派出 711 人组成的境外参赛规模最大的代表团，参加 26 个大项，210 个小项的比赛，获得 26 金 18 银 26 铜总共 70 枚奖牌，位列金牌榜第三。

“女排精神”又一次得以完美体现，郎平带领中国女排时隔 12 年再夺奥运金牌。中国传统优势项目仍然是中国代表团争金夺牌的主力军，乒乓球包揽 4 金，跳水拿到 8 枚金牌中的 7 枚。潜优项目不断创造历史，成为一大亮点，在自行车女子团体竞速赛道上，中国队连续打破奥运会纪录和世界纪录并夺冠，实现了我国自行车项目的奥运金牌零突破。在男子跆拳道 58 公斤级比赛中，21 岁的中国选手赵帅在自己的第一届奥运会上勇夺金牌，成为中国代表团本届的最大黑马，也改写了中国男子跆拳道奥运无金的历史。中国代表团在基础大项田径创造了参加奥运会的最好成绩，包揽了男、女 20 公里竞走金牌，共获得 2 金 2 银 2 铜。游泳收获 1 金。

本届奥运会共打破 22 项世界纪录，中国选手贡献 5 项。中国队还有 9 人 1 队 13 次创 12 项奥运会纪录。

第 31 届夏季奥运会奖牌榜[1]

排名	国家/地区	金牌	银牌	铜牌	奖牌
1	美国	46	37	38	121
3	中国	26	18	26	70
2	英国	27	23	17	67
4	俄罗斯	19	18	19	56
5	德国	17	10	15	42

[1] 资料来源：百度百科

3

图 2-79　样张

1. 将文中所有繁体字转换为简体字;将文中所有"奥林匹克运动会"替换为"奥运会";将标题段文字"第31届奥运会在里约闭幕"设置为二号、微软雅黑、加粗、居中;设置文本效果为内置样式"填充-红色,着色2,轮廓-着色2",设置文本阴影效果为"外部"→"向下偏移"、阴影颜色为"浅蓝(标准色)";设置文字间距为加宽2磅。

2. 将正文各段文字"本报……奥运会纪录。"设置为小四号、宋体,将文字段落格式设置为1.25倍行距、段前间距0.5行;设置正文第1段"本报……下一站东京。"为首字下沉2行、距正文0.2厘米;设置正文其余段落"本届奥运会……奥运会纪录。"为首行缩进2字符;为正文第1段"本报……东京。"第3行的"里约热内卢"一词添加超链接"https://baike.baidu.com/item/里约热内卢"。

3. 自定义纸张大小为"20厘米×27.8厘米",并应用于"整篇文档";将正文第3段"'女排精神'……游泳收获1金。"分为等宽两栏,栏宽为18字符,栏间添加分隔线;在页面底端插入"带状物"样式页码;设置页码编号格式为"- 1 -,- 2 -,- 3 -, …",起始页码为"- 3 -";在页面顶端插入"空白"型页眉,并利用"文档部件"在页眉内容"[在此处键入]"处插入文档作者;将页面颜色的填充效果设置为"羊皮纸"纹理;为文档添加文字水印,水印内容为"奥运会",水印颜色为"红色(标准色)",水印字体为"微软雅黑"。

4. 将文中最后6行文字转换成一个6行5列的表格;在表格右侧添加1列;在列标题单元格中输入"奖牌",在该列其余单元格中利用公式计算对应的奖牌数量(奖牌数量=金牌+银牌+铜牌);按"奖牌"列依据"数字"类型降序排列表格内容;设置表格列宽为2.2厘米、行高为0.7厘米;设置表格中所有单元格的左右边距均为0.15厘米;设置表格居中,表格中所有内容水平居中。

5. 设置表格外框线和第1、第2行间的内框线为红色(标准色)、0.5磅双窄线,其余内框线为红色(标准色)、0.75磅单实线;设置表格底纹颜色为"主题颜色"→"蓝色,个性色1,淡色60%";在表题"第31届夏季奥运会奖牌榜"末尾处插入脚注,脚注内容为"资源来源:百度百科";保存文件。

二、任务操作

1. 操作步骤如下:

步骤1:按任务要求设置繁简转换。打开"文字处理素材库\素材3"中的"奥运会.DOCX"文件,选中文中所有内容,在【审阅】选项卡中,单击【中文简繁转换】组中的"繁转简"按钮,如图2-80所示。

图2-80 设置繁简转换

步骤2：按任务要求替换文字。在【开始】选项卡中，单击【编辑】组中的"替换"按钮，弹出"查找和替换"对话框。在"查找内容"中输入"奥林匹克运动会"，在"替换为"中输入"奥运会"，如图2-81所示，单击"全部替换"按钮。在弹出的提示框中单击"确定"按钮，返回"查找和替换"对话框，单击"关闭"按钮。

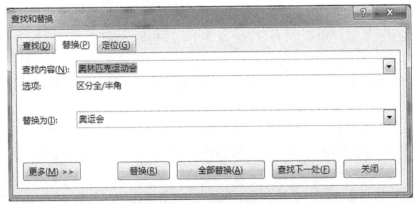

图2-81 "查找和替换"对话框

步骤3：按任务要求设置标题段字体和对齐方式。选中标题段文字"第31届奥运会在里约闭幕"，在【开始】选项卡的【字体】组中，设置"字体"为"微软雅黑"，"字号"为"二号"，"字形"为"加粗"，单击【段落】组中的"居中"按钮，如图2-82所示。

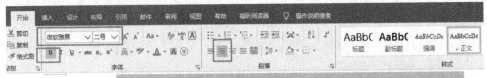

图2-82 设置标题段字体和对齐方式

步骤4：按任务要求设置标题段文字文本效果。选中标题段文字，在【开始】选项卡中，单击【字体】组中"文本效果和版式"按钮，在弹出的下拉列表中选择"填充-红色，着色2，轮廓-着色2"。单击【字体】组中的"文本效果和版式"按钮，在弹出的下拉列表中选择"阴影"→"阴影选项"，在弹出的"设置文本效果格式"任务窗格中，单击"阴影"选项组中"预设"右侧的"阴影"按钮，设置"预设"为"外部"→"向下偏移"，设置"颜色"为"浅蓝（标准色）"，关闭任务窗格，如图2-83所示。

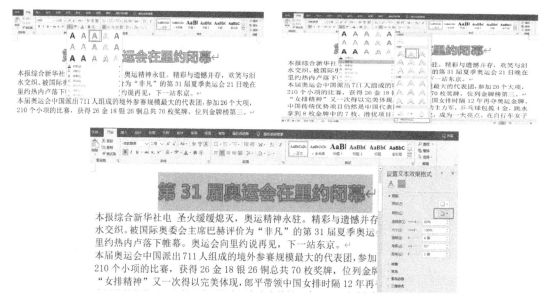

图 2-83　设置标题段文字文本效果

步骤 5：按任务要求设置标题段字符间距。在【开始】选项卡下，单击【字体】组右下角的"字体"对话框启动器按钮，打开"字体"对话框；切换到"高级"选项卡，设置"字符间距"选项组中的"间距"为"加宽"，设置"磅值"为"2 磅"，单击"确定"按钮，如图 2-84 所示。

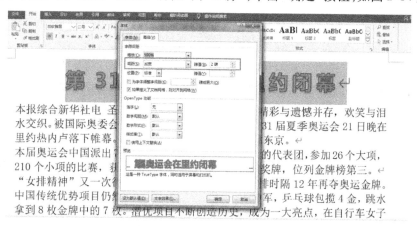

图 2-84　设置标题段字符间距

2. 操作步骤如下：

步骤 1：按任务要求设置正文各段文字格式。选中正文各段文字"本报……奥运会纪录。"，在【开始】选项卡的【字体】组中，设置"字体"为"宋体"，设置"字号"为"小四"。

步骤 2：按任务要求设置正文段落属性。选中正文各段文字，在【开始】选项卡中，单击【段落】组右下角的"段落设置"对话框启动器按钮，打开"段落"对话框，在"缩进和间距"选项卡中，设置"间距"选项组中的"段前"为"0.5 行"，设置"行距"为"多倍行距"，设置"设置值"为"1.25"，单击"确定"按钮，如图 2-85 所示。

图2-85 设置段落属性

步骤3：按任务要求设置首字下沉。选中正文第1段"本报……下一站东京。"，切换到【插入】选项卡，单击【文本】组中的"首字下沉"按钮，在弹出的下拉列表中选择"首字下沉选项"，弹出"首字下沉"对话框，在"位置"选项组中选择"下沉"，设置"下沉行数"为"2"，设置"距正文"为"0.2厘米"，单击"确定"按钮，如图2-86所示。

图2-86 设置首字下沉

步骤4：按任务要求设置段落首行缩进。选中正文其余段落"本届奥运会……奥运会纪录。"，切换到【开始】选项卡，单击【段落】组右下角的"段落设置"对话框启动器按钮，弹出"段落"对话框。在"缩进"选项组中设置"特殊格式"为"首行缩进"，"缩进值"默认为"2字符"，单击"确定"按钮，如图2-87所示。

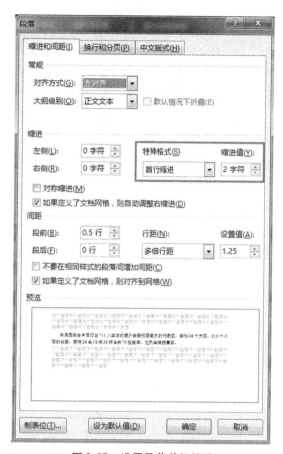

图 2-87　设置段落首行缩进

步骤 5：按任务要求添加超链接。选中正文第 1 段"本报……东京。"第 3 行的"里约热内卢"，在【插入】选项卡中，单击【链接】组中的"超链接"按钮，弹出"插入超链接"对话框。在"地址"栏中，输入超链接地址"https：//baike.baidu.com/item/里约热内卢"，单击"确定"按钮，如图 2-88 所示。

图 2-88　添加超链接

3. 操作步骤如下：

步骤1：按任务要求设置纸张大小。在【布局】选项卡中，单击【页面设置】组中的"纸张大小"按钮，在弹出的下拉列表中选择"其他纸张大小"，弹出"页面设置"对话框。在"纸张"选项卡中的"纸张大小"选项组中选择"自定义大小"，设置"宽度"为"20厘米"，设置"高度"为"27.8厘米"，将"预览"选项组"应用于"设置为"整篇文档"，单击"确定"按钮，如图2-89所示。

步骤2：按任务要求设置分栏。选中正文第3段"'女排精神'……游泳收获1金。"，切换到【布局】选项卡，单击【页面设置】组中的"分栏"按钮，在弹出的下拉列表中选择"更多分栏"，弹出"分栏"对话框。在"预设"选项组中选中"两栏"，勾选"栏宽相等"复选框，设置"宽度"为"18字符"，勾选"分隔线"复选框，单击"确定"按钮，如图2-90所示。

步骤3：按任务要求设置页码。切换到【插入】选项卡，单击【页眉和页脚】组中的

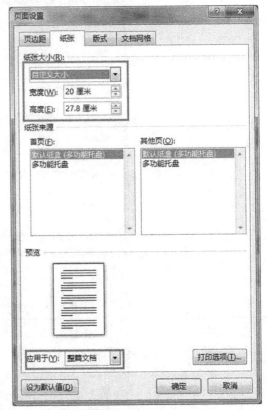

图2-89　设置纸张大小

"页码"按钮，在弹出的下拉列表中选择"页面底端"中的"带状物"样式页码，如图2-91所示。

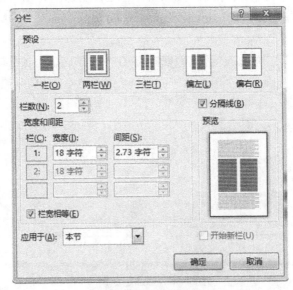

图2-90　设置分栏

图 2-91　设置页码样式

步骤 4：按任务要求设置页码格式。在【页眉和页脚工具｜设计】选项卡中，单击【页眉和页脚】组中的"页码"按钮，在弹出的下拉列表中选择"设置页码格式"，弹出"页码格式"对话框。在"编号格式"中选择"- 1 -,- 2 -,- 3 -, …"，选中"起始页码"单选钮，并设置为"- 3 -"，单击"确定"按钮，如图 2-92 所示。在【关闭】组中，单击"关闭页眉和页脚"按钮。

步骤 5：按任务要求设置页眉。在【插入】选项卡中，单击【页眉和页脚】组中的"页眉"按钮，在弹出的下拉列表中选择"空白"，如图 2-93 所示。在【页眉和页脚工具｜设计】选项卡中，单击【插入】组中的"文档部件"按钮，在弹出的下拉列表中选择"文档属性"→"作者"，如图 2-94 所示。在【关闭】组中，单击"关闭页眉和页脚"按钮。

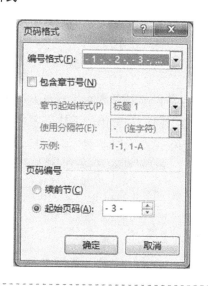

图 2-92　设置页码格式

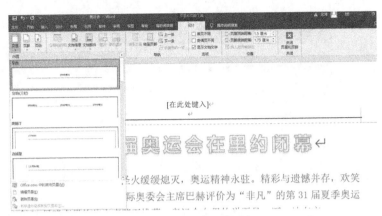

图 2-93　设置页眉样式

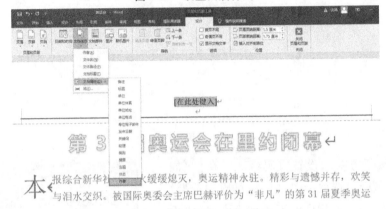

图 2-94　设置页眉文档部件

步骤 6：按任务要求设置页面纹理。切换到【设计】选项卡，单击【页面背景】组中的"页面颜色"按钮，在弹出的下拉列表中选择"填充效果"，弹出"填充效果"对话框。在"纹理"选项卡中设置"纹理"为"羊皮纸"，单击"确定"按钮，如图 2-95 所示。

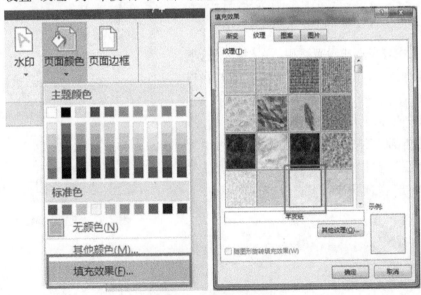

图 2-95　设置页面纹理

步骤7:按任务要求设置文字水印。切换到【设计】选项卡,单击【页面背景】组中的"水印"按钮,在弹出的下拉列表中选择"自定义水印",弹出"水印"对话框。在"水印"对话框中选择"文字水印"单选钮,设置"文字"为"奥运会","颜色"为"红色(标准色)","字体"为"微软雅黑",单击"确定"按钮,如图 2-96 所示。

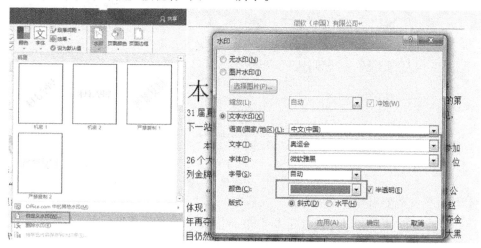

图 2-96　设置文字水印

4. 操作步骤如下:

步骤1:按任务要求将文字转换成表格。选中文中最后 6 行文字,切换到【插入】选项卡,单击【表格】组中的"表格"按钮,在弹出的下拉列表中选择"文本转换成表格",弹出"将文字转换成表格"对话框。在"表格尺寸"选项组中,设置"列数"为"5",设置"行数"为"6",单击"确定"按钮,如图 2-97 所示。

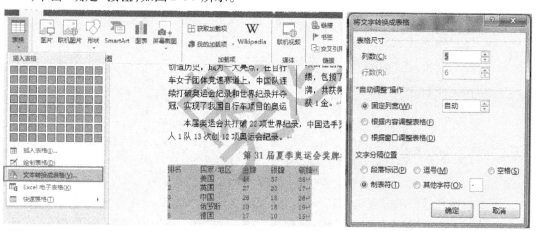

图 2-97　将文字转换成表格

步骤2:按任务要求为表格添加列。单击表格最后一列任一单元格,在【表格工具 | 布局】选项卡的【行和列】组中,单击"在右侧插入"按钮,如图 2-98 所示。

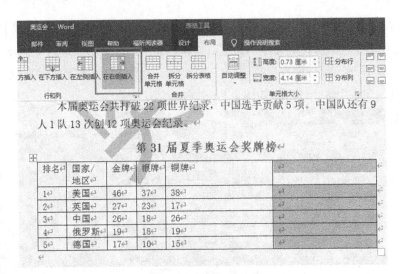

本届奥运会共打破 22 项世界纪录，中国选手贡献 5 项。中国队还有 9 人 1 队 13 次创 12 项奥运纪录。

第 31 届夏季奥运会奖牌榜

排名	国家/地区	金牌	银牌	铜牌	
1	美国	46	37	38	
2	英国	27	23	17	
3	中国	26	18	26	
4	俄罗斯	19	18	19	
5	德国	17	10	15	

图 2-98 为表格添加列

步骤 3：按任务要求计算奖牌总数。在表格的第 1 行第 6 列单元格输入"奖牌"。单击表格第 6 列第 2 行单元格，在【表格工具｜布局】选项卡的【数据】组中，单击"*fx* 公式"按钮，弹出"公式"对话框。在"公式"框中输入"＝SUM(LEFT)"，单击"确定"按钮，如图 2-99 所示。同理，计算第 6 列其余奖牌总数。

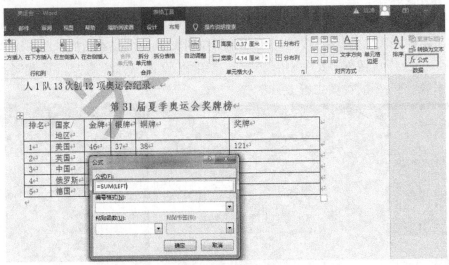

图 2-99 计算奖牌总数

步骤 4：按任务要求对表格内容排序。单击表格任一单元格，在【表格工具｜布局】选项卡中，单击【数据】组中的"排序"按钮，弹出"排序"对话框。选中"列表"选项组中的"有标题行"单选钮，设置"主要关键字"为"奖牌"，设置"类型"为"数字"，选中"降序"单选钮，单击"确定"按钮，如图 2-100 所示。

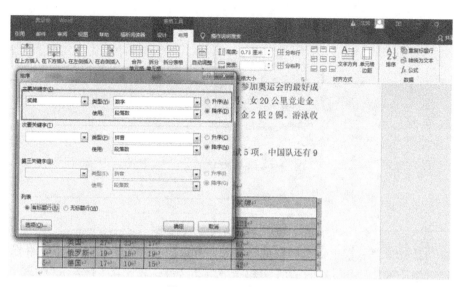

图 2-100 设置表格排序

步骤5：按任务要求设置表格列宽和行高。选中表格,在【表格工具｜布局】选项卡的【单元格大小】组中,设置"高度"为"0.7 厘米",设置"宽度"为"2.2 厘米",如图 2-101 所示。

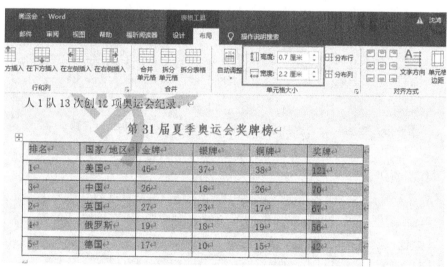

图 2-101 设置表格列宽和行高

步骤6：按任务要求设置表格的单元格边距。选中表格,在【表格工具｜布局】选项卡的【对齐方式】组中单击"单元格边距"按钮,弹出"表格选项"对话框。在"默认单元格边距"选项组中设置"左""右"均为"0.15 厘米",单击"确定"按钮,结果如图 2-102 所示。

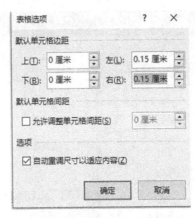

图 2-102　设置表格单元格边距

步骤 7：按任务要求设置表格和表格内容对齐方式。选中表格，切换到【开始】选项卡，单击【段落】组中的"居中"按钮。在【表格工具｜布局】选项卡的【对齐方式】组中，单击"水平居中"按钮，结果如图 2-103 所示。

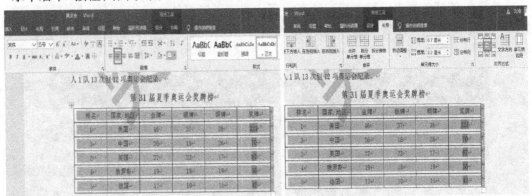

图 2-103　设置表格对齐方式

5. 操作步骤如下：

步骤 1：按任务要求设置表格框线。选中整个表格，在【表格工具｜设计】选项卡的【边框】组中，单击"边框"下拉按钮，在弹出的下拉列表中选择"所有框线"，设置"笔样式"为"单实线"，设置"笔颜色"为"红色（标准色）"，设置"笔划粗细"为"0.75 磅"。在【表格工具｜设计】选项卡的【边框】组中，单击"边框"下拉按钮，在弹出的下拉列表中选择"外侧框线"，设置"笔样式"为"双窄线"，设置"笔颜色"为"红色（标准色）"，设置"笔划粗细"为"0.5 磅"。选中第一行，在【表格工具｜设计】选项卡的【边框】组中，单击"边框"下拉按钮，在弹出的下拉列表中选择"下框线"，设置"笔样式"为"双窄线"，设置"笔颜色"为"红色（标准色）"，设置"笔划粗细"为"0.5 磅"。表格框线设置效果如图 2-104 所示。

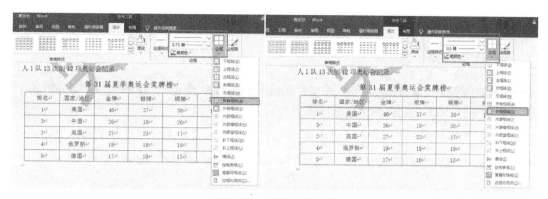

图 2-104　设置表格框线

步骤 2：按任务要求设置表格底纹。选中表格，在【表格工具｜设计】选项卡中，单击【表格样式】组中的"底纹"下拉按钮，在弹出的下拉列表中选择"蓝色，个性色 1，淡色 60％"，如图 2-105 所示。

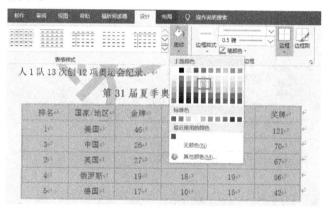

图 2-105　设置表格底纹

步骤 3：按任务要求设置脚注。将光标移至表题"第 31 届夏季奥运会奖牌榜"末尾处，在【引用】选项卡中，单击【脚注】组中的"插入脚注"按钮，输入脚注内容"资源来源：百度百科"，如图 2-106 所示。

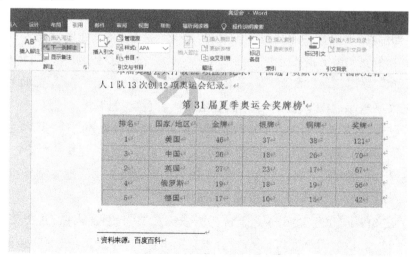

图 2-106　插入脚注

步骤4:保存文件。

三、任务巩固

打开"文字处理素材库\练习3"中的"超级计算机500强出炉.DOCX"文件,编辑成如图2-107所示的样张,具体操作要求如下:

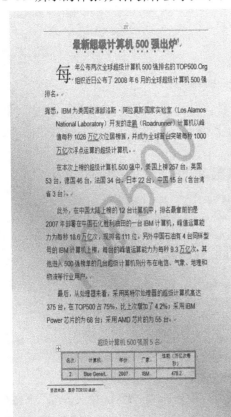
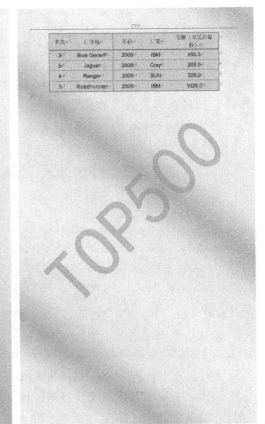

图2-107 样张

1. 设置页面纸张大小为"A4(21厘米×29.7厘米)";在页面顶端插入"空白"型页眉,利用"文档部件"在页眉内容处插入文档的"作者"信息;在页面底部插入"镶边"型页脚,并设置其中的页码编号格式为"-1-,-2-,-3-,…",起始页码为"-3-";将页面颜色的填充效果设置为"渐变"→"预设"→"羊皮纸",底纹样式为"斜下";为页面添加内容为"TOP500"的文字水印,水印内容的文本格式为黑体、红色(标准色)。

2. 将标题段"最新超级计算机500强出炉"的文字格式设置为二号、黑体、加粗、居中,段落格式设置为段前间距3磅、段后间距6磅,文本效果设置为内置样式"填充-红色,着色2,轮廓-着色2",并修改其阴影效果为"内部左侧";为标题段文字添加着重号;在标题段末尾添加脚注,脚注内容为"资料来源:国际TOP500组织"。

3. 设置正文各段"每年公布……55台。"的中文文字为四号、宋体,西文文字为四号、Arial,行距为26磅,段前间距为0.5行;设置正文第1段"每年公布……500强排名。"首字下沉 2 行,距正文 0.3 厘米;设置正文第 2 段"据悉……超级计算机。"悬挂缩进 2 字符;为正文第 4 段"此外……行业用户。"中的"中国石油"一词添加超链接"http://www.cnpc.com.cn"。

4. 将文中最后 6 行文字转换成一个 6 行 5 列的表格;设置表格居中,将表格所有内容水平居中;设置表格行高为 0.7 厘米、第 1~5 列的列宽分别为 1.5 厘米、3 厘米、2 厘米、2 厘米、3.5 厘米,所有单元格的左右边距均为 0.3 厘米;用表格第 1 行设置表格"重复标题行";"计算机"列依据"拼音"类型升序排列表格内容。

5. 设置表格外框线和第 1、第 2 行间的内框线为红色(标准色)、0.75 磅双窄线,其余内框线为红色(标准色)、0.5 磅单实线;设置表格底纹颜色为"主题颜色"→"橙色,个性色 2,淡色 60%"。

项目 3 电子表格软件 Excel 2016

Excel 2016 是由微软公司开发设计的电子表格软件,是 Microsoft Office 2016 办公系列软件之一。

Excel 2016 突破了传统的电子表格的制作方式,与之前的版本相比,不仅处理数据更简单方便,而且添加了六种新图表以实现财务或分层信息最常用的数据可视化,还可以显示数据的统计属性。Excel 2016 还对许多函数进行了功能扩展,3D 地图、默认形状样式的数量和主题颜色,使其成为数据处理与可视化分析的强大工具。Excel 考点汇总如图 3-1 所示。

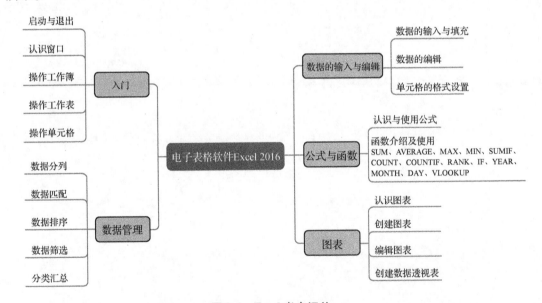

图 3-1 Excel 考点汇总

任务 3.1 电子表格综合案例一

一、任务要求

打开"电子表格素材库\素材 1"中的"T1EXCEL.XLSX"文件,编辑成如图 3-2 所示的样张,具体操作要求如下:

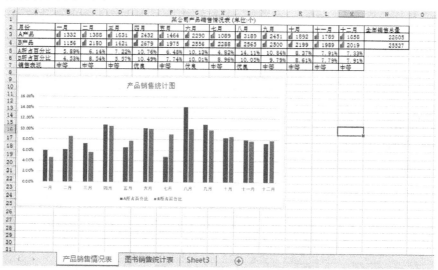

图 3-2 样张

1. 将 Sheet1 工作表命名为"产品销售情况表";将工作表的 A1:N1 单元格区域合并为

一个单元格,内容水平居中,利用 SUM 函数计算 A 产品、B 产品的全年销售总量(数值型,保留小数点后 0 位),分别置于 N3、N4 单元格内;计算 A 产品和 B 产品每月销售量占全年销售总量的百分比(百分比型,保留小数点后 2 位),分别置于 B5:M5、B6:M6 单元格区域内;利用 IF 函数给出"销售表现"行的内容:如果某月 A 产品所占百分比大于 10% 并且 B 产品所占百分比也大于 10%,在相应单元格内填入"优良",否则填入"中等";利用条件格式图标集中的四等级修饰单元格 B3:M4 区域。

2. 选取"产品销售情况表"工作表"月份"行(A2:M2)、"A 所占百分比"行(A5:M5)和"B 所占百分比"行(A6:M6)数据区域的内容建立"簇状柱形图";设置图表标题为"产品销售统计图",图例位于底部;设置图表元素系列 A 产品为纯色填充"蓝色,个性色 1,深色 25%",B 产品为纯色填充"绿色,个性色 6,深色 25%";将图表插入当前工作表 A9:J25 单元格区域内。

3. 选择"图书销售统计表"工作表,对工作表内数据清单的内容按主要关键字"图书类别"的降序和次要关键字"季度"的升序进行排序;完成对各图书类别销售数量求和的分类汇总,汇总结果显示在数据下方;工作表名不变,保存 T1EXCEL. XLSX 工作簿。

二、任务操作

1. 操作步骤如下:

步骤 1:按任务要求对 Sheet1 工作表进行重命名。打开"电子表格素材库\素材 1"中的"T1EXCEL. XLSX"文件,双击 Sheet1 工作表的表名处,如图 3-3 所示,输入"产品销售情况表"。

	A	B	C	D	E	F	G	H	I	J
1	某公司产品销售情况表(单位:个)									
2	月份	一月	二月	三月	四月	五月	六月	七月	八月	九月
3	A产品	1332	1388	1631	2432	1464	2290	1089	3189	2451
4	B产品	1156	2190	1421	2679	1975	2556	2288	2565	2500
5	A所占百分比									
6	B所占百分比									
7	销售表现									
8										
9										
10										
11										
12										
13										

Sheet1 | 图书销售统计表 | Sheet3 | ⊕

图 3-3 重命名工作表

步骤 2:按任务要求将单元格合并后居中。选中"产品销售情况表"工作表的 A1:N1 单元格区域,单击【开始】选项卡的【对齐方式】组中的"合并后居中"按钮,如图 3-4 所示。

图 3-4 "合并后居中"按钮

步骤 3:按任务要求使用 SUM 函数。在 N3 单元格中输入公式" = SUM(B3:M3)",按

〈Enter〉键;选中 N3 单元格,将鼠标指针置于 N3 单元格右下角,当指针变成黑色十字形
"＋"时,按住鼠标左键不放向下拖动填充柄到 N4 单元格,释放鼠标左键,如图 3-5 所示。

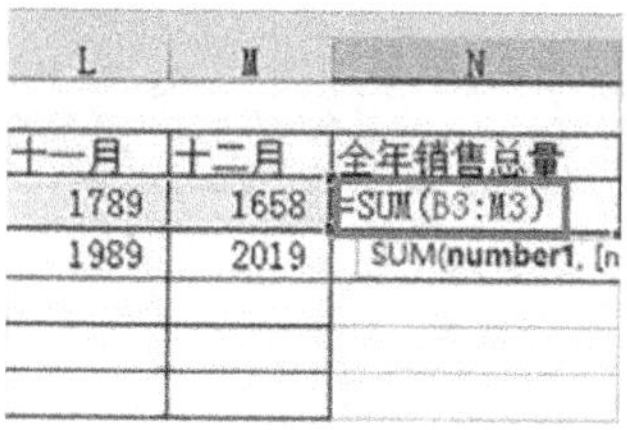

图 3-5　输入并填充公式

步骤 4:按任务要求设置单元格格式。选中 N3:N4 单元格区域并单击鼠标右键,在弹出的快捷菜单中选择"设置单元格格式"选项,弹出"设置单元格格式"对话框;在"数字"选项卡的"分类"列表框中选择"数值",设置小数位数为"0",单击"确定"按钮,如图 3-6 所示。

图 3-6　"设置单元格格式"对话框

步骤 5:按任务要求计算百分比。选中 B5:M6 单元格区域并单击鼠标右键,在弹出的快捷菜单中选择"设置单元格格式"选项,弹出"设置单元格格式"对话框;在"数字"选项卡的"分类"列表框中选择"百分比",设置"小数位数"为2,单击"确定"按钮。在 B5 单元格内输入公式"＝B3/$N$3",并按〈Enter〉键;选中 B5 单元格,将鼠标指针置于 B5 单元格右下角,当指针变成黑色十字形"＋"时,按住鼠标左键不放向右拖动填充柄到 M5 单元格,释放鼠标左键。在 B6 单元格中输入公式"＝B4/$N$4",并按〈Enter〉键;选中 B6 单元格,将鼠标指针置于 B6 单元格右下角,当指针变成黑色十字形"＋"时,按住鼠标左键不放向右拖动填充柄到 M6 单元格,释放鼠标左键。

步骤 6:按任务要求使用 IF 函数。在 B7 单元格内输入公式"＝IF(AND(B5 > 10%, B6 > 10%),"优良","中等")",并按〈Enter〉键。单击 B7 单元格,将鼠标指针置于 B7 单元格右下角,当指针变成黑色十字形"＋"时,按住鼠标左键不放向右拖动填充柄到 M7 单元格,

释放鼠标左键,如图3-7所示。

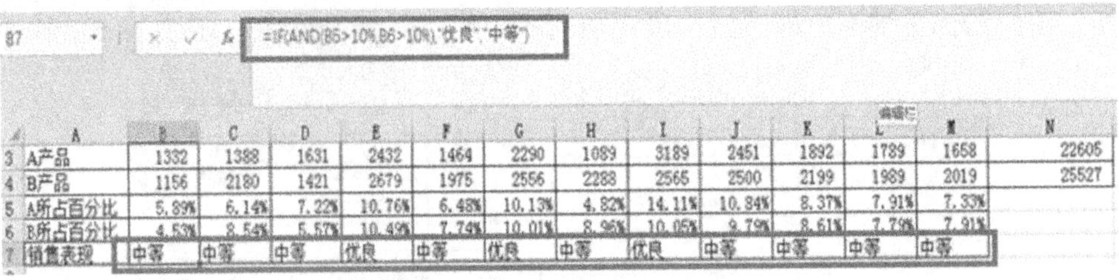

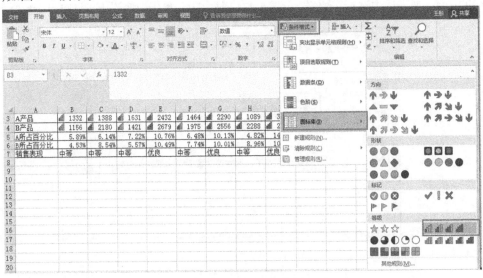

图3-7 设置IF函数的参数

步骤7:按任务要求设置条件格式。选中B3:M4单元格区域,在【开始】选项卡的【样式】组中,单击"条件格式"按钮,在弹出的下拉列表中选择"图标集"→"等级"→"四等级",如图3-8所示。

图3-8 "图标集"选项

2. 操作步骤如下:

步骤1:按任务要求插入图表。选中A2:M2单元格区域,按住〈Ctrl〉键不放,再选中A5:M6单元格区域,如图3-9所示;切换到【插入】选项卡,单击【图表】组中的"插入柱形图或条形图"下拉按钮,在下拉列表中选择"二维柱形图"→"簇状柱形图",如图3-10所示。

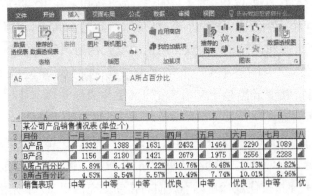

图3-9 插入图表

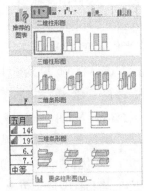

图3-10 "簇状柱形图"选项

步骤 2：按任务要求修改图表元素。在图表中将图表标题改为"产品销售统计图"。选中图表，在【图表工具│设计】选项卡的【图表布局】组中，单击"添加图表元素"下拉按钮，在下拉列表中选择"图例"→"底部"，如图 3-11 所示。

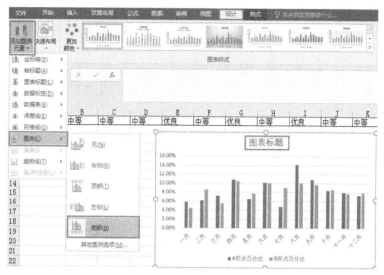

图 3-11　修改图表元素

步骤 3：按任务要求设置图表形状样式。在【图表工具│格式】选项卡的【当前所选内容】组中，单击"图表元素"下拉按钮，在下拉列表中选择系列"A 所占百分比"，在【形状样式】组中单击"形状填充"下拉按钮，在下拉列表中选择"主题颜色"为"蓝色，个性色 1，深色 25%"，如图 3-12 所示。同理，设置 B 产品数据系列"主题颜色"为"绿色，个性色 6，深色 25%"。

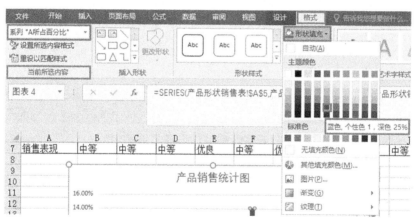

图 3-12　设置系列"A 所占百分比"的填充色

步骤 4：按任务要求插入图表。拖动图表使其左上角在 A9 单元格内，通过放大或者缩小图表使其置于 A9：J25 单元格区域内，如图 3-13 所示。

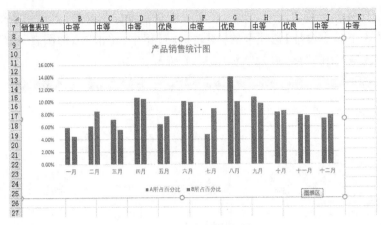

图 3-13　设置图表位置

3. 操作步骤如下：

步骤 1：按任务要求设置排序。切换到"图书销售统计表"工作表，单击数据清单中任一单元格，在【数据】选项卡的【排序和筛选】组中单击"排序"按钮，弹出"排序"对话框；设置"主要关键字"为"图书类别"，设置"次序"为"降序"；单击"添加条件"按钮，设置"次要关键字"为"季度"，设置"次序"为"升序"，单击"确定"按钮，如图 3-14 所示。

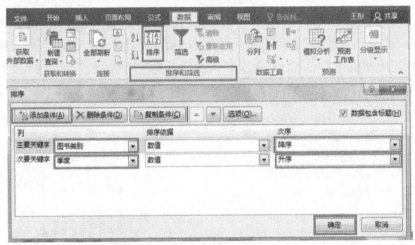

图 3-14　设置排序主次关键字及排序次序

步骤 2：按任务要求分类汇总。单击数据清单中任一单元格，在【数据】选项卡的【分级显示】组中单击"分类汇总"按钮，弹出"分类汇总"对话框；设置"分类字段"为"图书类别"，设置"汇总方式"为"求和"，在"选定汇总项"中仅勾选"销售数量（册）"复选框，默认勾选"汇总结果显示在数据下方"复选框，单击"确定"按钮，如图 3-15 所示。

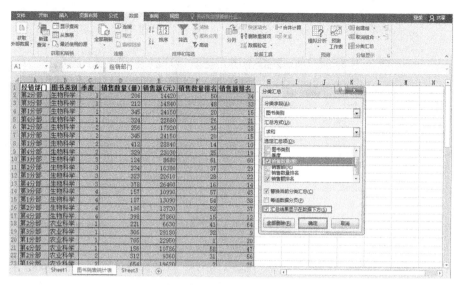

图 3-15 设置数据分类汇总

步骤 3：保存并关闭"T1EXCEL. XLSX"工作簿。

三、任务巩固

打开"电子表格素材库\练习 1"中的"Lx1EXCEL. XLSX"文件，编辑成如图 3-16 所示的样张，具体操作要求如下：

	A	B	C	D	E	F	G
1	经销部门	图书类别	季度	销售数量(册)	销售额(元)	销售数量排名	销售额排名
2	第1分部						<20
3	第3分部						<20
4	经销部门	图书类别	季度	销售数量(册)	销售额(元)	销售数量排名	销售额排名
7	第1分部	生物科学	1	345	24150	20	15
8	第1分部	生物科学	2	412	28840	14	10
13	第1分部	交通科学	1	436	35648	7	3
14	第1分部	交通科学	3	231	23217	40	18
15	第1分部	交通科学	4	365	29879	17	7
16	第1分部	交通科学	4	654	45321	2	1
20	第1分部	工业技术	1	569	28450	4	11
39	第3分部	生物科学	2	345	24150	20	15
41	第3分部	农业科学	4	432	32960	9	4
42	第3分部	农业科学	1	306	29180	32	9
69							
70							

Sheet1　图书销售统计表　Sheet3

图 3-16　样张

1. 将 Sheet1 工作表命名为"工资统计表",然后将工作表的 A1:E1 单元格区域合并为一个单元格,内容居中对齐;计算"工资合计"列并置于 E3:E24 单元格区域(利用 SUM 函数,数值型,保留小数点后 0 位);计算"高工""工程师""助工"职称的人数并置于 H3:H5 单元格区域(利用 COUNTIF 函数),计算人数总计并置于 H6 单元格;计算各工资范围的人数并置于 H9:H12 单元格区域(利用 COUNTIF 函数),计算每个区域人数占人员总人数的百分比并置于 I9:I12单元格区域(百分比型,保留小数点后 2 位);利用条件格式将 E3:E24 单元格区域高于平均值的单元格设置为"绿填充色深绿色文本"、低于平均值的单元格设置为"浅红色填充"。

2. 选取"工资统计表"工作表中"工资合计范围"列(G8:G12)和"所占百分比"列(I8:I12)数据区域的内容建立"三维簇状柱形图",图表标题为"工资统计图",删除图例;设置图表背景墙为"灰色50% ,个性色3,淡色80%",纯色填充;将图表插入当前工作表的 G15:M30 单元格区域内。

3. 选择"图书销售统计表"工作表,对工作表内数据清单的内容按主要关键字"经销部门"的升序和次要关键字"图书类别"的降序进行排序;对排序后的数据进行筛选,条件为第 1 分部和第 3 分部、销售额排名小于 20;工作表名不变,保存"Lx1EXCEL. XLSX"工作簿。

任务 3.2　电子表格综合案例二

一、任务要求

打开"电子表格素材库\素材 2"中的"T2EXCEL. XLSX"文件,编辑成如图 3-17 所示的样张,具体操作要求如下:

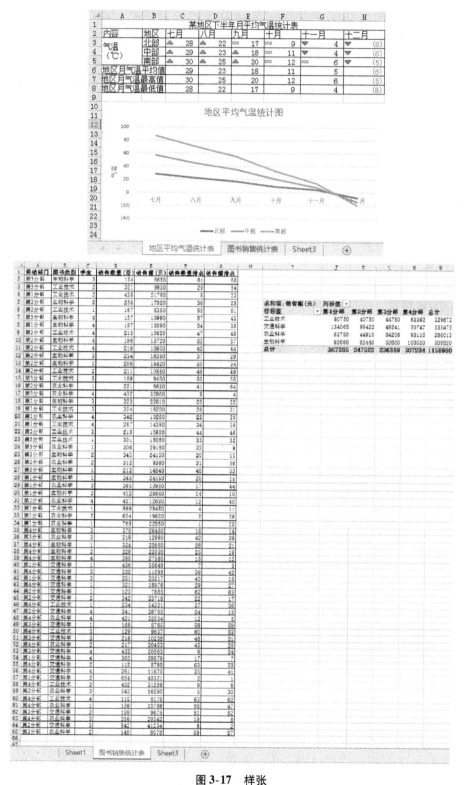

图 3-17　样张

1. 将 Sheet1 工作表命名为"地区平均气温统计表";将工作表的 A1:H1 单元格区域合

并为一个单元格,内容居中对齐;利用 AVERAGE 函数计算"地区月气温平均值"行,利用 MAX 函数计算"地区月气温最高值"行,利用 MIN 函数计算"地区月气温最低值"行;设置单元格格式为数值型,保留小数点后 0 位;设置 C2:H8 单元格区域的列宽为 8;利用条件格式中"3 个三角形"修饰 C3:H5 单元格区域;计算北部地区、中部地区、南部地区第 3 季度和第 4 季度气温平均值,置于 K3:L5 单元格区域内。

2. 选中"地区平均气温统计表"工作表的 B2:H5 数据区内容建立"堆积折线图";设置图表标题为"地区平均气温统计图",位于图表上方,并设置图例位于底部;设置图表主要纵坐标轴标题为"气温",将图表置于当前工作表的 A10:H24 单元格区域内。

3. 选择"图书销售统计表"工作表,对工作表"图书销售工作表"内数据清单的内容建立数据透视表;在工作表中,按行标签为"图书类别"、列标签为"经销部门"、数值为"销售额(元)"求和布局,并置于现工作表的 I5:N11 单元格区域;工作表名不变,保存 T2EXCEL. XLSX 工作簿。

二、任务操作

1. 操作步骤如下:

步骤 1:按任务要求为 Sheet1 工作表重命名。打开"电子表格素材库\素材 2"中的"T2EXCEL. XLSX"文件,双击 Sheet1 工作表的表名处,输入"地区平均气温统计表",如图 3-18 所示。

图 3-18　设置重命名工作表

步骤 2:按任务要求将单元格合并后居中。选中"地区平均气温统计表"工作表的 A1:H1 单元格,在【开始】选项卡的【对齐方式】组中单击"合并后居中"按钮,如图 3-19 所示。

图 3-19　"合并后居中"按钮

步骤 3:按任务要求使用 AVERAGE 函数。在 C6 单元格中输入公式" = AVERAGE (C3:C5)",如图 3-20 所示,并按〈Enter〉键;选中 C6 单元格,将鼠标指针置于 C6 单元格右下角,当指针变成黑色十字形" + "时,按住鼠标左键不放向右拖动填充柄至 H6 单元格,释放鼠标左键,如图 3-21 所示。

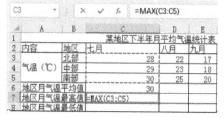

图 3-20　求平均值　　　　　　　　图 3-21　填充公式

步骤 4:按任务要求使用 MAX 函数。在 C7 单元格中输入公式"=MAX(C3:C5)",并按〈Enter〉键,如图 3-22 所示;选中 C7 单元格,将鼠标指针置于 C7 单元格右下角,当指针变成黑色十字形"+"时,按住鼠标左键不放向右拖动填充柄至 H7 单元格,释放鼠标左键,如图 3-23 所示。

图 3-22　求最大值　　　　　　　　图 3-23　填充公式

步骤 5:按任务要求使用 MIN 函数。在 C8 单元格中输入公式"=MIN(C3:C5)",并按〈Enter〉键,如图 3-24 所示;选中 C8 单元格,将鼠标指针置于 C8 单元格右下角,当指针变成黑色十字形"+"时,按住鼠标左键不放向右拖动填充柄至 H8 单元格,释放鼠标左键,如图 3-25 所示。

图 3-24　求最小值　　　　　　　　图 3-25　填充公式

步骤 6:按任务要求设置单元格格式。选中 C6:H8 单元格区域并单击鼠标右键,在弹出的快捷菜单中选择"设置单元格格式"选项,弹出"设置单元格格式"对话框;在"数字"选项卡的"分类"列表框中选择"数值",在右侧设置"小数位数"为"0",单击"确定"按钮,如图 3-26 所示。

图3-26 "设置单元格格式"对话框

步骤7：按任务要求设置列宽。选中 C2：H8 单元格区域，在【开始】选项卡的【单元格】组中，单击"格式"下拉按钮，在下拉列表中选择"列宽"选项，弹出"列宽"对话框，设置"列宽"为"8"，单击"确定"按钮，如图3-27、图3-28 所示。

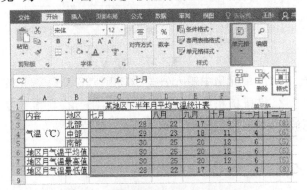

图3-27 设置数据清单单元格格式　　　　　　　　　图3-28 设置列宽

步骤8：按任务要求设置条件格式。选中 C3：H5 单元格区域，在【开始】选项卡的【样式】组中单击"条件格式"下拉列表，在列表中选择"图标集"→"方向"→"3 个三角形"，如图3-29 所示。

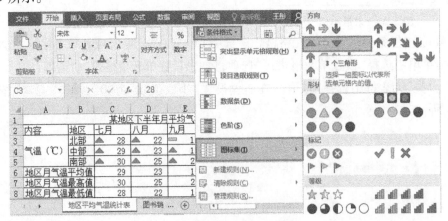

图3-29 设置单元格条件格式

步骤 9:按任务要求求平均值。在 K3 单元格内输入公式"＝AVERAGE(C3:E3)",并按〈Enter〉键,如图 3-30 所示;选中 K3 单元格,将鼠标指针置于 K3 单元格右下角,当指针变成黑色十字形"＋"时,按住鼠标左键不放向下拖动填充柄到 K5 单元格,释放鼠标左键。在 L3 单元格内输入公式"＝AVERAGE(F3:H3)",并按〈Enter〉键;选中 L3 单元格,将鼠标指针置于 L3 单元格右下角,当指针变成黑色十字形"＋"时,按住鼠标左键不放向下拖动填充柄到 L5 单元格,释放鼠标左键,如图 3-31 所示。

地区	第3季度气温平均值	第4季度气温平均值
北部	=AVERAGE(C3:E3)	
中部		
南部		

图 3-30 求平均值

地区	第3季度气温平均值	第4季度气温平均值
北部	22	2
中部	23	3
南部	25	4

图 3-31 填充公式

2. 操作步骤如下:

步骤 1:按任务要求插入堆积折线图。选中 B2:H5 单元格区域,在【插入】选项卡的【图表】组中,单击"插入折线图或面积图"下拉按钮,在下拉列表中选择"二维折线图"下的"堆积折线图",如图 3-32、图 3-33 所示。

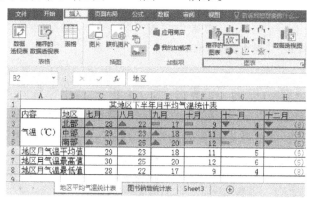

图 3-32 选择数据清单并插入图表

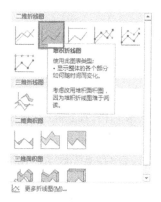

图 3-33 "堆积折线图"选项

步骤 2:按任务要求设置图表标题和图例。在图表中修改图表标题为"地区平均气温统计图"。选中图表,在【图表工具 | 设计】选项卡的【图表布局】组中,单击"添加图表元素"下拉按钮,如图 3-34 所示,在下拉列表中选择"图例"→"底部",如图 3-35 所示。

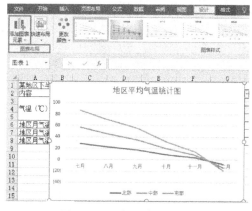

图 3-34 添加图表元素

图 3-35 设置"图例"位置

步骤 3：按任务要求设置纵坐标轴和图表位置。选中图表，在【图表工具 | 设计】选项卡的【图表布局】组中，单击"添加图表元素"下拉按钮，在下拉列表中选择"轴标题"→"主要纵坐标轴"，如图 3-36 所示；然后在图表中将纵坐标轴标题改为"气温"，将图表插入 A10：H24 单元格区域内，如图 3-36 所示。

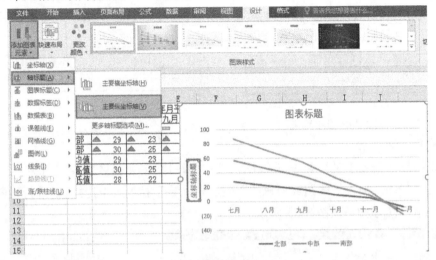

图 3-36　设置主要纵坐标轴

3. 操作步骤如下：

步骤 1：按任务要求插入数据透视表。在"图书销售统计表"工作表中，单击数据清单中任一单元格，在【插入】选项卡的【表格】组中，单击"数据透视表"按钮，如图 3-37 所示，弹出"创建数据透视表"对话框；在"选择放置数据透视表的位置"中选中"现有工作表"单选钮，设置"位置"为"图书销售统计表!$I$5：$N$11"，单击"确定"按钮，如图 3-38 所示。

	B		C	销售数量(册)	销售额(元)	F	销售数量排名	销售额排名
2	第3分部	计算机科学	3	124	8680		61	60
3	第3分部	生命科学	2	321	9630		29	54
4	第1分部	生命科学	2	435	21750		8	23
5	第2分部	计算机科学	2	256	17920		36	28
6	第2分部	生命科学	1	167	8350		55	61
7	第3分部	计算机科学	4	157	10990		57	43
8	第1分部	计算机科学	4	187	13090		54	38
9	第2分部	生命科学	4	213	10650		47	45
10	第2分部	计算机科学	4	196	13720		52	37
11	第2分部	生命科学	4	219	10950		42	44
12	第2分部	计算机科学	2	234	16380		37	29
13	第2分部	计算机科学	1	206	14420		50	34

图 3-37　插入"数据透视表"

步骤 2：按任务要求设置数据透视表字段。在窗口右侧的"数据透视表字段"任务窗格中，拖动"图书类别"到"行"，拖动"经销部门"到"列"，拖动"销售额(元)"到"值"，关闭任务窗格,如图 3-39 所示。生成的"数据透视表"如图 3-40 所示。

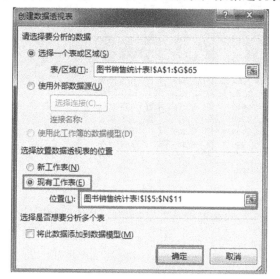

图 3-38 设置数据透视表位置

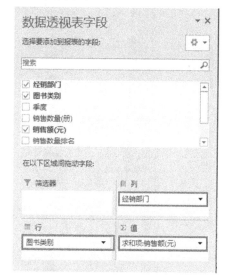

图 3-39 设置数据透视表字段

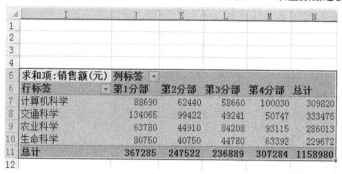

图 3-40 生成的"数据透视表"

步骤 3:保存并关闭"T2EXCEL. XLSX"工作簿。

三、任务巩固

打开"电子表格素材库\练习 2"中的"Lx2EXCEL. XLSX"文件,编辑成如图 3-41 所示的样张,具体操作要求如下:

計算机应用基础实验指导

图 3-41　样张

1. 将 Sheet1 工作表的 A1:G1 单元格区域合并为一个单元格,内容水平居中;利用函数计算 2015 年和 2016 年的产品销售总量,分别置于 B15 和 D15 单元格内;计算 2015 年和 2016 年每个月销量占各自全年总销量的百分比(百分比型,保留小数点后 2 位),计算同比增长率列内容[同比增长率 =(2016 年销量－2015 年销量)/2015 年销量,百分比型,保留小数点后 2 位];同比增长率大于或等于 20% 的月份在备注栏内填"较快",其他填"一般"(利用 IF 函数);利用条件格式对 F3:F14 单元格区域设置"实心填充"→"绿色数据条"。

2. 选取 Sheet1 工作表中的"月份"列(A2:A14)、"2016 年销量"列(D2:D14)和"同比

76

增长率"列(F2:F14)三列数据建立组合图;设置"2016 年销量"系列为主坐标,"2016 年销量"系列的图表类型为"簇状柱形图","同比增长率"系列为次坐标,"同比增长率"系列的图表类型为"折线图",图表标题位于图表上方,图表标题为"同比增长率统计图",图例位于顶部,设置图表颜色为"彩色颜色 2",设置绘图区填充格式为"图案填充虚线网格";将图表插入到 A17:G32 单元格区域,并将 Sheet1 工作表命名为"产品销售统计表"。

3. 选择 Sheet2 工作表,对工作表内数据清单的内容进行筛选,条件为"所有东部和西部的分公司且销售额高于平均值";工作表名不变,保存 Lx2EXCEL. XLSX 工作簿。

任务 3.3　电子表格综合案例三

一、任务要求

打开"电子表格素材库\素材 3"中的"T3EXCEL. XLSX"文件,编辑成如图 3-42 所示的样张,具体操作要求如下:

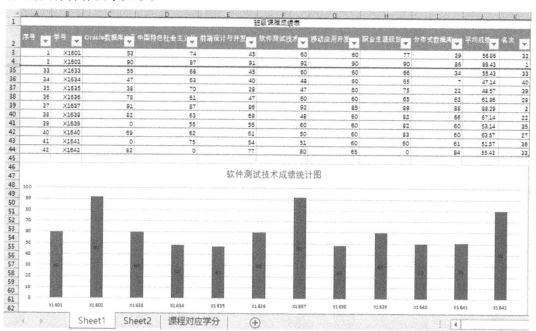

序号	学号	Oracle数据库应用开发	中国特色社会主义体系概论	前端设计与开发	软件测试技术	移动应用开发	职业生涯规划	分布式数据库	总学分	学期评价
		学分	学分	学分	学分	学分	学分	学分		
1	X1601	0	2	0	4	4	2	0	12	
2	X1602	4	2	4	4	4	2	2	22	
3	X1603	4	2	4	4	4	2	2	22	
4	X1604	4	0	0	4	4	2	0	14	
5	X1605	4	2	4	4	4	2	2	22	
6	X1606	4	2	4	4	4	2	2	22	
7	X1607	4	2	4	4	4	2	2	22	
8	X1608	0	0	0	4	4	2	0	10	
9	X1609	4	2	4	4	4	2	2	22	
10	X1610	4	2	0	0	4	2	2	14	
11	X1611	4	2	4	4	4	2	2	22	
12	X1612	4	2	4	4	4	2	2	22	
13	X1613	4	2	4	4	4	2	2	22	
14	X1614	4	2	4	4	4	2	2	22	
15	X1615	4	2	4	4	4	2	2	22	
16	X1616	4	2	4	4	4	2	2	22	
17	X1617	0	2	0	0	0	2	0	4	
18	X1618	0	2	0	4	4	2	2	14	
19	X1619	4	2	0	4	4	2	2	22	
20	X1620	4	2	0	0	4	2	2	16	

求和项:销售额 销售员	类别 冰箱	彩电	空调	总计
A1	¥50,976	¥49,056	¥17,328	¥117,360
A2	¥35,760			¥35,760
A3		¥85,968	¥8,964	¥94,932
A4	¥5,664	¥27,832		¥33,496
A5		¥179,872		¥179,872
A6		¥11,928	¥68,724	¥80,652
A7			¥110,556	¥110,556
A8			¥101,080	¥101,080
总计	¥92,400	¥354,656	¥306,652	¥753,708

图 3-42　样张

1. 选中 Sheet1 工作表的 A1:K1 单元格，合并为一个单元格，文字居中对齐；利用填充柄将"学号"列填充完整；计算平均成绩列的内容（数值型，保留小数点后 2 位）；根据平均成绩利用 RANK 函数按降序计算"名次"；为数据区域 A2:K44 单元格套用表格格式"蓝色，表样式浅色 13"。

2. 选取"学号"列（B2:B44）和"软件测试技术"列（F2:F44）的单元格内容，建立"簇状柱形图"；修改图表标题为"软件测试技术成绩统计图"，不显示图例，设置"数据标签"居中显示；将图表插入修改当前工作表的 A46:K62 单元格区域内。

3. 利用填充柄将 Sheet2 工作表的"学号"列填充完整；利用公式计算每门课程的"学分"列的内容（数值型，保留小数点后 0 位），条件是该门课程的成绩大于或等于 60 分才可以得到相应的学分，否则学分为 0；每门课程对应的学分请参考"课程对应学分"工作表。

4. 计算 Sheet2 工作表的"总学分"列的内容（数值型，保留小数点后 0 位）；根据总学分填充"学期评价"列的内容，总学分大于或等于 14 分的学生评价是"合格"，总学分小于 14 分的学生评价是"不合格"。

5. 选择"销售清单"工作表，对工作表数据清单的内容建立数据透视表；数据透视表的位置在本工作表的 L2 单元格，数据透视表的效果如图 3-42 所示；工作表名不变，保存 T3EXCEL.XLSX 工作簿。

二、任务操作

1. 操作步骤如下：

步骤1：按任务要求将单元格合并后居中。打开"电子表格素材库\素材3"中 "T3EXCEL.XLSX"文件，选中 Sheet 1 工作表的 A1:K1 单元格区域，在【开始】选项卡的【对齐方式】组中，单击"合并后居中"按钮，如图3-43所示。

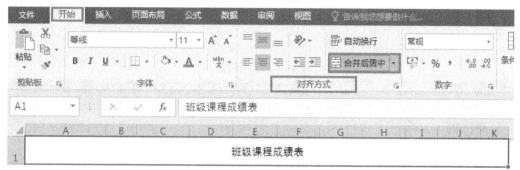

图3-43 设置单元格合并后居中

步骤2：按任务要求填充列。选中 B3:B4 单元格区域，将鼠标指针置于 B4 单元格右下角的填充柄处，当指针变成黑色十字形"+"时，双击鼠标左键，完成"学号"系列填充，如图3-44所示。

	A	B	C	D
1				
2	序号	学号	Oracle数据	中国特色
3	1	X1601	53	74
4	2	X1602	90	87
5	3	X1603	63	76
6	4	X1604	60	47
7	5	X1605	70	71
8	6	X1606	60	80
9	7	X1607	65	87
10	8	X1608	42	41

图3-44 填充"学号"列

步骤3：按任务要求求平均值。在 J3 单元格内输入公式"= AVERAGE(C3:I3)"，如图3-45所示，按〈Enter〉键；选中 J3 单元格，将鼠标指针置于 J3 单元格右下角，当指针变成黑色十字形"+"时，按住鼠标左键不放向下拖动填充柄到 J44 单元格，释放鼠标左键；再单击鼠标右键，在弹出的快捷菜单中选择"设置单元格格式"选项，如图3-46所示，弹出"设置单元格格式"对话框；在"分类"列表框中选择"数值"，将"小数位数"设置为"2"，单击"确定"按钮,如图 3-47 所示。

C	D	E	F	G	H	I	J
Oracle数	中国特色	前端设计	软件测试	移动应用	职业生涯	分布式数	平均成绩
53	74	45	60	60	77	29	=AVERAGE(C3:I3)
90	87	91	92	90	90	86	89.42857143
63	76	65	63	60	76	64	66.71428571
60	47	28	60	60	75	24	50.57142857
70	71	70	62	60	76	63	67.42857143
60	80	76	75	60	67	60	68.28571429
65	87	77	63	70	81	70	73.28571429
42	41	38	60	60	60	2	43.28571429

图 3-45　求平均值

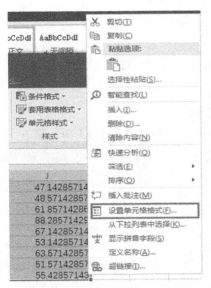

图 3-46　"设置单元格格式"选项

图 3-47　"设置单元格格式"对话框

步骤 4:按任务要求使用 RANK 函数。在 K3 单元格内输入公式" = RANK(J3,$J $3:$J $44,0)",如图 3-48 所示,按〈Enter〉键;选中 K3 单元格,将鼠标指针置于 K3 单元格右下角,当指针变成黑色十字形" + "时,按住鼠标左键不放向下拖动填充柄到 K44 单元格,释放鼠标左键。

J	K
平均成绩	名次
56.85714286	=RANK(J3,$J$3:$J$44,0)
89.42857143	1
66.71428571	24
50.57142857	37
67.42857143	21
68.28571429	20
73.28571429	16
43.28571429	42
75.57142857	11
75.14285714	13
84.71428571	4

图 3-48　计算名次

步骤 5：按任务要求套用表格格式。选中 A2：K44 单元格区域，在【开始】选项卡的【样式】组中单击"套用表格格式"下拉按钮，在下拉列表中选择"浅色"下的"蓝色，表样式浅色13"，如图 3-49 所示，在弹出的提示框中单击"确定"按钮。

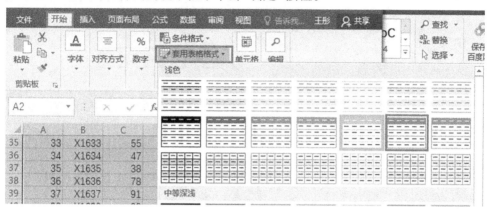

图 3-49　套用表格格式

2. 操作步骤如下：

步骤 1：按任务要求插入簇状柱形图。选中 B2：B44 单元格区域，按住〈Ctrl〉键不放，再选中 F2：F44 单元格区域，切换到【插入】选项卡，在【图表】组中单击"插入柱形图或条形图"下拉按钮，在下拉列表中选择"二维柱形图"下的"簇状柱形图"，如图 3-50 所示。

图 3-50　选择数据清单并插入簇状柱形图

步骤 2：按任务要求设置图表标题和图表布局。在图表中修改图表标题为"软件测试技术成绩统计图"。选中图表，在【图表工具 | 设计】选项卡的【图表布局】组中，单击"添加图表元素"下拉按钮，在下拉列表中选择"图例"→"无"；再单击"添加图表元素"下拉按钮，在下拉列表中选择"数据标签"→"居中"，如图 3-51 所示。

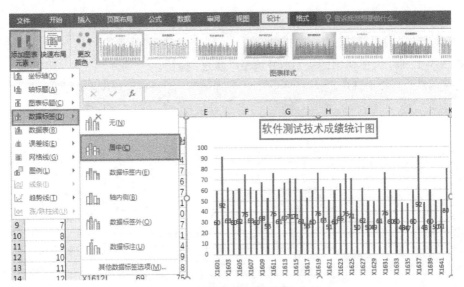

图 3-51　设置图表标题和图表布局

步骤 3:按任务要求设置图表位置。选中图表,拖动图表使其左上角置于 A46 单元格内,通过放大或者缩小图表,将其插入 A46:K62 单元格区域。

3. 操作步骤如下:

步骤 1:按任务要求填充列。在 Sheet2 工作表中,选中 B4:B5 单元格区域,将鼠标指针置于 B5 单元格右下角的填充柄处,当指针变成黑色十字形"＋"时双击鼠标左键,即可将该列填充完整。

步骤 2:按任务要求使用 IF 函数。在 C4 单元格内输入公式"＝IF(Sheet1!C3>＝60,课程对应学分!$B$2,0)",并按〈Enter〉键;选中 C4 单元格,将鼠标指针置于该单元格右下角的填充柄处,当指针变成黑色十字形"＋"时双击鼠标左键。在 D4 单元格内输入公式"＝IF(Sheet1!D3>＝60,课程对应学分!$B$3,0)",并按〈Enter〉键;选中 D4 单元格,将鼠标指针置于该单元格右下角的填充柄处,当指针变成黑色十字形"＋"时双击鼠标左键。在 E4 单元格内输入公式"＝IF(Sheet1!E3>＝60,课程对应学分!$B$4,0)",并按〈Enter〉键;选中 E4 单元格,将鼠标指针置于该单元格右下角的填充柄处,当指针变成黑色十字形"＋"时双击鼠标左键。在 F4 单元格内输入公式"＝IF(Sheet1!F3>＝60,课程对应学分!$B$5,0)",并按〈Enter〉键;选中 F4 单元格,将鼠标指针置于该单元格右下角的填充柄处,当指针变成黑色十字形"＋"时双击鼠标左键。在 G4 单元格内输入公式"＝IF(Sheet1!G3>＝60,课程对应学分!$B$6,0)",并按〈Enter〉键;选中 G4 单元格,将鼠标指针置于该单元格右下角的填充柄处,当指针变成黑色十字形"＋"时双击鼠标左键。在 H4 单元格内输入公式"＝IF(Sheet1!H3>＝60,课程对应学分!$B$7,0)",并按〈Enter〉键;选中 H4 单元格,将鼠标指针置于该单元格右下角的填充柄处,当指针变成黑色十字形"＋"时双击鼠标左键。在 I4 单元格内输入公式"＝IF(Sheet1!I3>＝60,课程对应学分!$B$8,0)",并按〈Enter〉键;选中 I4 单元格,将鼠标指针置于该单元格右下角的填充柄处,当指针变成黑色十字形"＋"时双击鼠标左键。以上操作完成后的效果如图 3-52 所示。

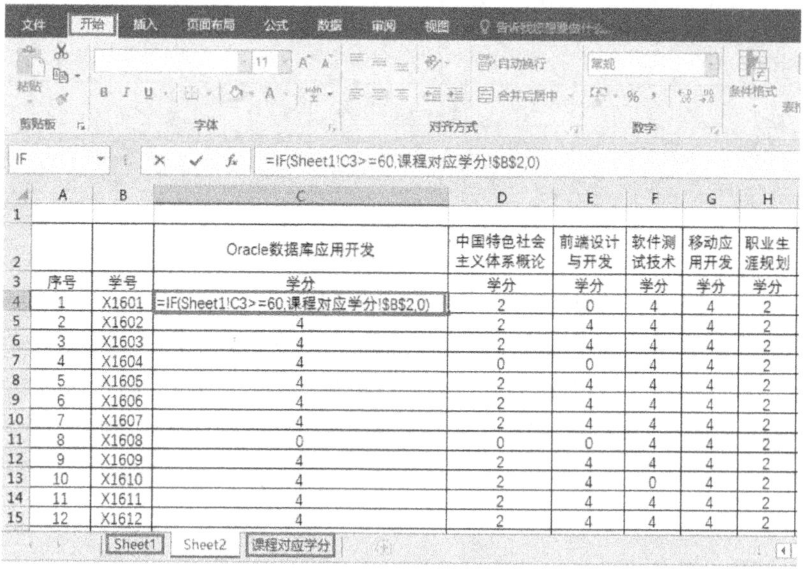

图 3-52　利用 IF 函数插入多表数据

步骤 3：按任务要求设置单元格格式。选中 C4:I45 单元格区域并单击鼠标右键,在弹出的快捷菜单中选择"设置单元格格式"选项,弹出"设置单元格格式"对话框;在"数字"选项卡的"分类"列表框中选择"数值",设置"小数位数"为"0",单击"确定"按钮,如图 3-53 所示。

图 3-53　"设置单元格格式"对话框

4. 操作步骤如下：

步骤 1：按任务要求求总学分。在 J4 单元格内输入公式" = SUM(C4:I4)",如图 3-45 所示,按〈Enter〉键;选中 J4 单元格,将鼠标指针置于该单元格右下角的填充柄处,当指针变成黑色十字形" + "时双击鼠标左键,填充该列其他单元格,如图 3-54 所示。

IF			✕ ✓ *fx*	=SUM(C4:I4)						
	A	B	C	D	E	F	G	H	I	J	K
1			Oracle数据库应用开发	中国特色社会主义体系概论	前端设计与开发	软件测试技术	移动应用开发	职业生涯规划	分布式数据库	总学分	学期评价
2			学分	学分	学分	学分	学分	学分	学分		
3	序号	学号									
4	1	X1601	0	2	0	4	4	2	0	=SUM(C4:I4)	
5	2	X1602	4	2	4	4	4	2	2	22	
6	3	X1603	4	2	4	4	4	2	2	22	
7	4	X1604	4	0	0	4	4	2	0	14	
8	5	X1605	4	2	4	4	4	2	2	22	

图 3-54　填充总学分

步骤 2:按任务要求设置单元格格式。选中 J4:J45 单元格区域并单击鼠标右键,在弹出的快捷菜单中选择"设置单元格格式"选项,弹出"设置单元格格式"对话框;在"数字"选项卡的"分类"列表框中选择"数值",设置"小数位数"为"0",单击"确定"按钮。

步骤 3:按任务要求使用 IF 函数。在 K4 单元格内输入公式" = IF((J4 > = 14),"合格","不合格")",按〈Enter〉键;选中 K4 单元格,将鼠标指针置于该单元格右下角的填充柄处,当指针变成黑色十字形" + "时双击鼠标左键,填充该列其他单元格。

5. 操作步骤如下:

步骤 1:按任务要求创建数据透视表。选中"销售清单"工作表数据区域中任意一单元格,在【插入】选项卡的【表格】组中单击"数据透视表"按钮,弹出"创建数据透视表"对话框。在"选择放置数据透视表的位置"选项组中选中"现有工作表"单选钮,设置"位置"为"销售清单!$L$2",单击"确定"按钮,如图 3-55 所示。

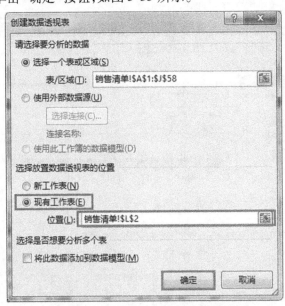

图 3-55　"创建数据透视表"对话框

步骤 2:按任务要求设置数据透视表字段。在窗口右侧出现的"数据透视表字段"任务窗格中,拖动"销售员"字段到"行",拖动"类别"字段到"列",拖动"销售额"字段到"值",关闭任务窗格,如图 3-56 所示。

图 3-56　设置数据透视表字段

步骤 3：按任务要求设置数据透视表的行列标签。将 L3 单元格中的"行标签"改为"销售员"，将 M2 单元格中的"列标签"改为"类别"，如图 3-57 所示。

求和项:销售额	类别			
销售员	冰箱	彩电	空调	总计
A1	50976	49056	17328	117360
A2	35760			35760
A3		85968	8964	94932
A4	5664	27832		33496
A5		179872		179872
A6		11928	68724	80652
A7			110556	110556
A8			101080	101080
总计	92400	354656	306652	753708

图 3-57　修改数据透视表的行列标签

步骤 4：按任务要求设置单元格格式。选中 M4：P12 单元格区域并单击鼠标右键，在弹出的快捷菜单中选择"设置单元格格式"选项，弹出"设置单元格格式"对话框；在"分类"列表框中选中"货币"，设置"小数位数"为"0"，"货币符号"选择人民币符号"￥"，单击"确定"按钮，如图 3-58 所示。

L	M	N	O	P
求和项:销售额	类别			
销售员	冰箱	彩电	空调	总计
A1	￥50,976	￥49,056	￥17,328	￥117,360
A2	￥35,760			￥35,760
A3		￥85,968	￥8,964	￥94,932
A4	￥5,664	￥27,832		￥33,496
A5		￥179,872		￥179,872
A6		￥11,928	￥68,724	￥80,652
A7			￥110,556	￥110,556
A8			￥101,080	￥101,080
总计	￥92,400	￥354,656	￥306,652	￥753,708

图 3-58　设置单元格为货币符号后的数据透视表

步骤 5：保存并关闭"T3EXCEL.XLSX"工作簿。

三、任务巩固

打开"电子表格素材库\练习 3"中的"Lx3EXCEL. XLSX"文件,编辑成如图 3-59 所示的样张,具体操作要求如下:

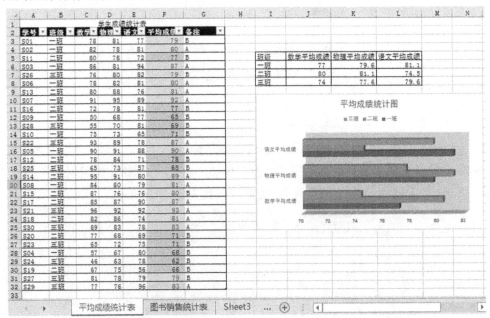

图 3-59　样张

1. 将 Sheet1 工作表命名为"平均成绩统计表",然后将工作表的 A1:G1 单元格区域合并为一个单元格,内容居中对齐;利用 AVERAGE 函数计算每个学生的平均成绩,置于"平均成绩"列(F3:F32,数值型,保留小数点后 0 位);利用 IF 函数计算"备注"列(G3:G32),如果学生平均成绩大于或等于 80,填入"A",否则填入"B";利用 AVERAGEIF 函数分别计算一班、二班、三班的数学、物理、语文平均成绩(数值型,保留小数点后 0 位),置于 J6:L8单元格区域相应位置;利用条件格式将 F3:F32 单元格区域高于平均值的单元格设置为"绿填充色深绿色文本",低于平均值的单元格设置为"浅红色填充";给 A2:G32 单元格区域套用表格样式"白色,表样式浅色 8"。

2．选取"平均成绩统计表"工作表 I5:L8 数据区域的内容建立"三维簇状条形图",图表标题为"平均成绩统计图",位于图表上方,设置图例位置靠上,设置图表背景墙为纯色填充"白色,背景 1,深色 15%";将图表插入当前工作表的 I10:N25 单元格区域内。

3．选择"图书销售统计表"工作表,对工作表内数据清单的内容进行高级筛选(在数据清单前插入 4 行,条件区域设在 A1:G3 单元格区域,请在对应字段列内输入条件),条件是:图书类别为"生物科学"或"农业科学"且销售额排名在前 20 名(请用 <=20);工作表名不变,保存"Lx3EXCEL.XLSX"工作簿。

任务3.4　电子表格综合案例四

一、任务要求

打开"电子表格素材库\素材 4"中的"T4EXCEL.XLSX"文件,编辑成如图 3-60 所示的样张,具体操作要求如下:

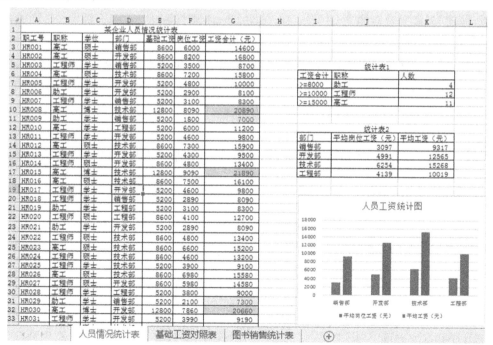

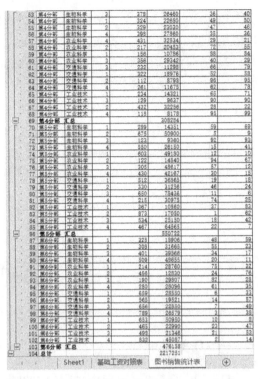

图 3-60 样张

1. 选择 Sheet1 工作表,将 A1:G1 单元格区域合并为一个单元格,文字居中对齐;依据本工作簿的"基础工资对照表"中的信息,填写 Sheet1 工作表中"基础工资(元)"列的内容(要求利用 VLOOKUP 函数);计算"工资合计(元)"列内容(要求利用 SUM 函数,数值型,保留小数点后 0 位);计算工资合计范围和职称同时满足条件要求的员工人数,置于 K7:K9 单元格区域"人数"列(条件要求详见 Sheet1 工作表中的统计表 1,要求利用 COUNTIFS 函数);计算各部门员工岗位工资的平均值和工资合计的平均值,并分别置于 J14:J17 单元格区域"平均岗位工资(元)"列和 K14:K17 单元格区域"平均工资(元)"列(见 Sheet1 工作表中的统计表 2,要求利用 AVERAGEIF 函数,数值型,保留小数点后 0 位);利用条件格式将"工资合计(元)"列单元格区域值前 10% 项设置为"浅红填充色深红色文本",最后 10% 项设置为"绿填充色深绿色文本"。

2. 选取 Sheet1 工作表中的统计表 2 中的"部门"列(I13:I17)、"平均岗位工资(元)"列(J13:J17)和"平均工资(元)"列(K13:K17)数据区域的内容建立"簇状柱形图";修改图表标题为"人员工资统计图",位于图表上方,图例位于底部;将图表插入当前工作表的 I20:L33 单元格区域内;将 Sheet1 工作表命名为"人员情况统计表"。

3. 选择"图书销售统计表"工作表,对工作表内数据清单的内容按主要关键字"经销部门"的升序和次要关键字"图书类别"的降序进行排序;完成对各经销部门总销售额的分类汇总,汇总结果显示在数据下方;工作表名不变;保存"T4EXCEL.XLSX"工作簿。

二、任务操作

1. 操作步骤如下：

步骤 1：按任务要求将单元格合并后居中。打开“电子表格素材库\素材 4”中的“T4EXCEL. XLSX”文件，选择 Sheet1 工作表，选中工作表的 A1:G1 单元格区域，在【开始】选项卡的【对齐方式】组中，单击“合并后居中”按钮。

步骤 2：按任务要求计算“基础工资（元）”列数据。在 E3 单元格内输入公式“=VLOOKUP(C3,基础工资对照表!$A$3:$B$5,2,1)”，并按〈Enter〉键；将鼠标指针移动到该单元格右下角的填充柄处，当指针变为黑色十字形“+”时，双击鼠标左键完成整列填充，如图 3-61 所示。

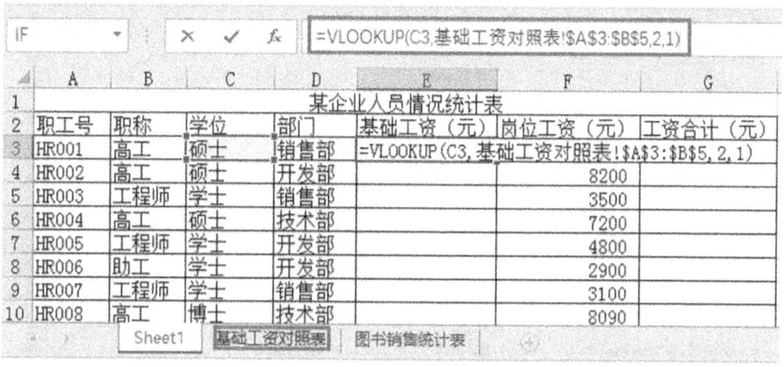

	A	B	C	D	E	F	G
1	某企业人员情况统计表						
2	职工号	职称	学位	部门	基础工资（元）	岗位工资（元）	工资合计（元）
3	HR001	高工	硕士	销售部	=VLOOKUP(C3,基础工资对照表!$A$3:$B$5,2,1)		
4	HR002	高工	硕士	开发部		8200	
5	HR003	工程师	学士	销售部		3500	
6	HR004	高工	硕士	技术部		7200	
7	HR005	工程师	学士	开发部		4800	
8	HR006	助工	学士	开发部		2900	
9	HR007	工程师	学士	销售部		3100	
10	HR008	高工	博士	技术部		8090	

图 3-61　输入条件查询公式

基础工资对照表数据清单及完成填充后的 Sheet1 表的“基础工资（元）”列如图 3-62、图 3-63 所示。

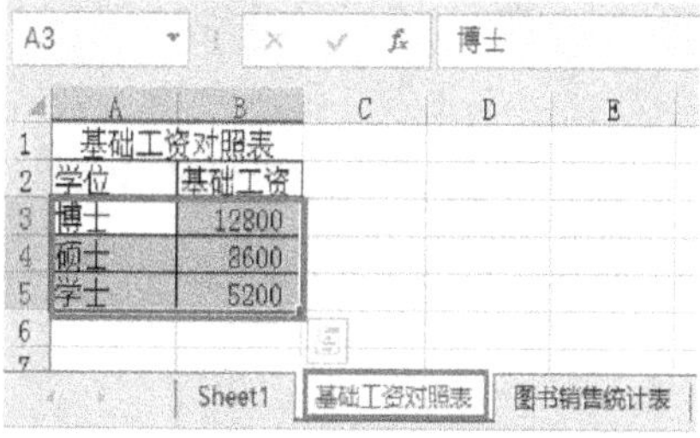

	A	B
1	基础工资对照表	
2	学位	基础工资
3	博士	12800
4	硕士	8600
5	学士	5200

图 3-62　基础工资对照表

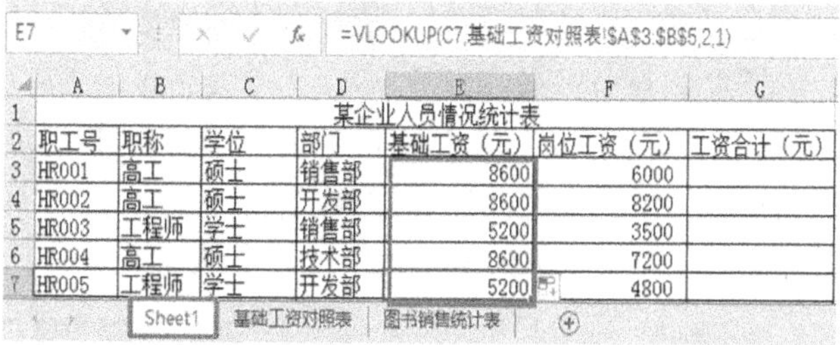

	A	B	C	D	E	F	G
1	某企业人员情况统计表						
2	职工号	职称	学位	部门	基础工资（元）	岗位工资（元）	工资合计（元）
3	HR001	高工	硕士	销售部	8600	6000	
4	HR002	高工	硕士	开发部	8600	8200	
5	HR003	工程师	学士	销售部	5200	3500	
6	HR004	高工	硕士	技术部	8600	7200	
7	HR005	工程师	学士	开发部	5200	4800	

图 3-63　填充数据后的 Sheet1 表的“基础工资（元）”列

步骤 3：按任务要求计算“工资合计（元）”列数据并设置单元格格式。在 G3 单元格内输入公式“=SUM(E3:F3)”，并按〈Enter〉键；将鼠标指针移动到该单元格右下角的填充柄处，当指针变为黑色十字形“+”时，双击鼠标左键完成整列填充，如图 3-64 所示。选中 G3:G51 单元格区域，单击鼠标右键，在弹出的快捷菜单中选择“设置单元格格式”选项，弹出“设置单元格格式”对话框，在“数字”选项卡的“分类”列表框中选择“数值”，设置“小数位数”为“0”，单击“确定”按钮，如图 3-65 所示。

图 3-64　填充求和公式

图 3-65　"设置单元格格式"对话框

步骤 4:按任务要求计算 K7:K9 单元格区域"人数"列数据。在 K7 单元格内输入公式
"=COUNTIFS($G$3:$G$51,I7,$B$3:$B$51,J7)",并按〈Enter〉键;将鼠标指针移动到该
单元格右下角的填充柄处,当指针变为黑色十字形"+"时,按住鼠标左键不放并拖动填充
柄到 K9 单元格,释放鼠标左键,如图 3-66 所示。

IF		× ✓ fx	=COUNTIFS($G$3:$G$51,I7,$B$3:$B$51,J7)		
	I	J	K	L	M	N
4						
5		统计表1				
6	工资合计	职称	人数			
7	>=8000	助工	=COUNTIFS($G$3:$G$51, I7, $B$3:$B$51, J7)			
8	>=10000	工程师	12			
9	>=15000	高工	11			

图 3-66　输入条件统计公式

步骤 5:按任务要求计算各部门员工岗位工资的平均值和工资合计的平均值,并设置
单元格格式。在 J14 单元格内输入公式"=AVERAGEIF($D$3:$D$51,I14,$F$3:$F$51)",
并按〈Enter〉键;将鼠标指针移动到该单元格右下角的填充柄处,当指针变为黑色十字形
"+"时,按住鼠标左键不放并拖动填充柄到 J17 单元格,释放鼠标左键,如图 3-67 所示。

在 K14 单元格内输入公式"= AVERAGEIF($D\$3：$D\$51，I14，$G\$3：$G\$51)"，并按〈Enter〉键；将鼠标指针移动到该单元格右下角的填充柄处，当指针变为黑色十字形"＋"时，按住鼠标左键不放并拖动填充柄到 K17 单元格，释放鼠标左键，如图 3-68 所示。选中 J14：K17 单元格区域，单击鼠标右键，在弹出的快捷菜单中选择"设置单元格格式"选项，弹出"设置单元格格式"对话框，在"数字"选项卡的"分类"选项组中选择"数值"，设置"小数位数"为"0"，单击"确定"按钮。

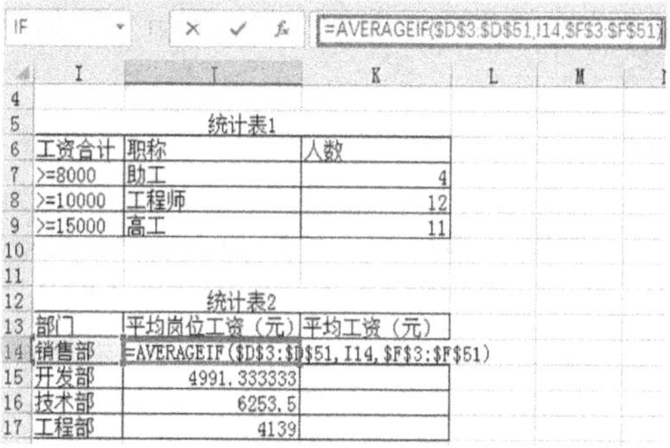

图 3-67　输入平均岗位工资条件平均公式

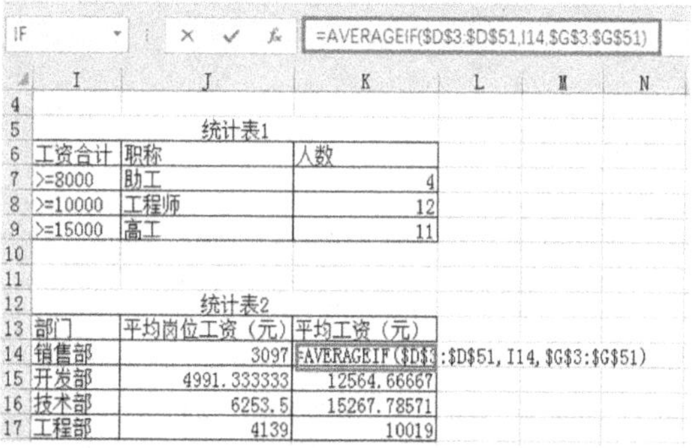

图 3-68　输入平均工资条件平均公式

步骤 6：按任务要求设置"工资合计（元）"列的条件格式。选中 G3：G51 单元格区域，在【开始】选项卡的【样式】组中，单击"条件格式"下拉按钮，在弹出的下拉列表中选择"项目选取规则"下的"前 10%"，保持弹出对话框的信息不变，单击"确定"按钮。再次单击"条件格式"下拉按钮，在弹出的下拉列表中选择"项目选取规则"下的"最后 10%"，如图 3-69 所示。单击弹出对话框的"设置为"下拉列表，选择"绿填充色深绿色文本"，单击"确定"按钮，如图 3-70 所示。

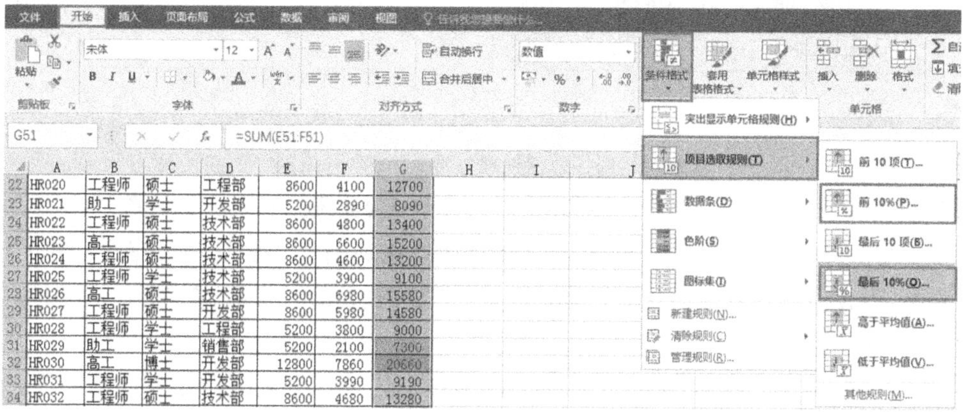

图 3-69　设置条件格式

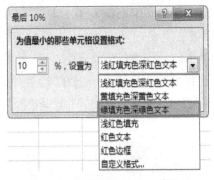

图 3-70　设置条件格式的填充色

2. 操作步骤如下：

步骤 1：按任务要求插入图表。选中 Sheet1 工作表中的统计表 2 中的"部门"列（I13：I17）、"平均岗位工资（元）"列（J13：J17）和"平均工资（元）"列（K13：K17），切换到【插入】选项卡，单击【图表】组中的"插入柱形图或条形图"下拉按钮，在弹出的下拉列表中选择"二维柱形图"→"簇状柱形图"，如图 3-71 所示。

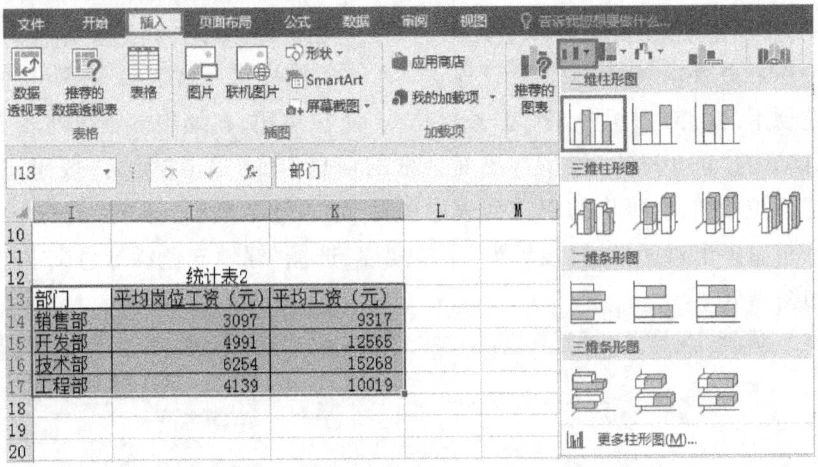

图 3-71　选择数据清单并插入"簇状柱形图"

步骤 2：按任务要求设置图表标题和图例。修改图表标题为"人员工资统计图"，在【图表工具｜设计】选项卡中，单击【图表布局】组中的"添加图表元素"按钮，在弹出的下拉列表中选择"图表标题"→"图表上方"；再次单击"添加图表元素"按钮，在弹出的下拉列表中选择"图例"→"底部"。

步骤 3：按任务要求调整图表大小并移动到指定位置。按住鼠标左键拖动图表，使其左上角在 I20 单元格，然后调整图表大小使其在 I20：L33 单元格区域内。

步骤 4：按任务要求更改 Sheet1 工作表名称。双击 Sheet1 工作表表名处，将其更改为"人员情况统计表"，如图 3-72 所示。

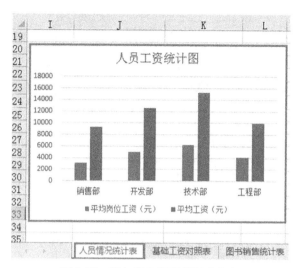

图 3-72　添加图表元素并更改表名

3. 操作步骤如下：

步骤 1：按任务要求进行排序。单击"图书销售统计表"数据清单中的任一单元格，在【数据】选项卡的【排序和筛选】组中，单击"排序"下拉按钮，弹出"排序"对话框；设置"主要关键字"为"经销部门"，设置"次序"为"升序"；单击"添加条件"按钮，设置"次要关键字"为"图书类别"，设置"次序"为"降序"，如图 3-73 所示。

图 3-73　设置排序主次关键字及排序次序

步骤 2：按任务要求进行分类汇总。单击"图书销售统计表"数据清单中的任一单元格，在【数据】选项卡中，单击【分级显示】组中"分类汇总"按钮，弹出"分类汇总"对话框，设置"分类字段"为"经销部门"，"汇总方式"为"求和"，"选定汇总项"中仅勾选"销售额（元）"复选框，默认勾选"汇总结果显示在数据下方"复选框，单击"确定"按钮，如图 3-74 所示。

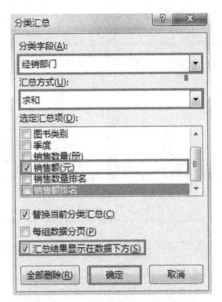

图 3-74　设置分类汇总字段及方式

步骤 3：保存并关闭"T4EXCEL. XLSX"工作簿。

三、任务巩固

打开"电子表格素材库\练习 4"中的"Lx4EXCEL. XLSX"文件，编辑成如图 3-75 所示的样张，具体操作要求如下：

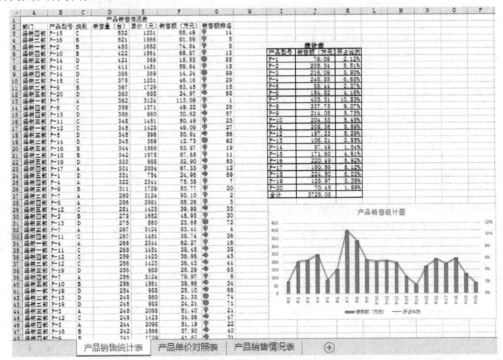

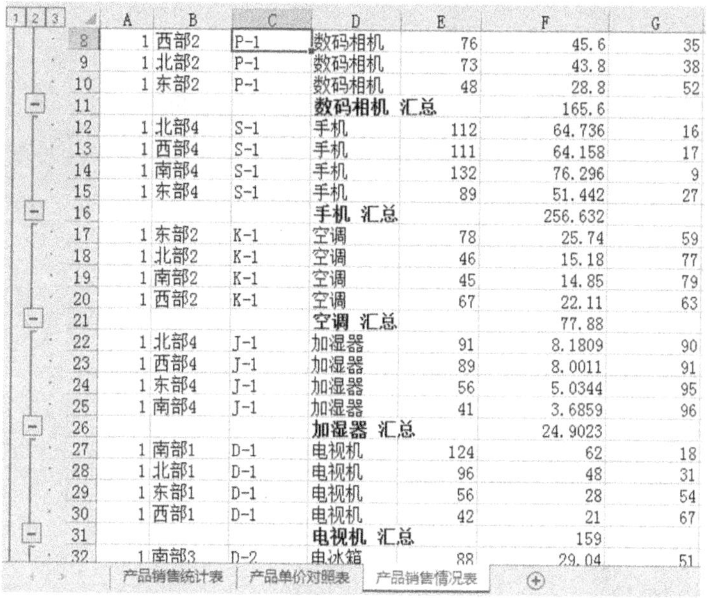

	A	B	C	D	E	F	G
8	1	西部2	P-1	数码相机	76	45.6	35
9	1	北部2	P-1	数码相机	73	43.8	38
10	1	东部2	P-1	数码相机	48	28.8	52
11				数码相机 汇总		165.6	
12	1	北部4	S-1	手机	112	64.736	16
13	1	西部4	S-1	手机	111	64.158	17
14	1	南部4	S-1	手机	132	76.296	9
15	1	东部4	S-1	手机	89	51.442	27
16				手机 汇总		256.632	
17	1	东部2	K-1	空调	78	25.74	59
18	1	北部2	K-1	空调	46	15.18	77
19	1	南部2	K-1	空调	45	14.85	79
20	1	西部2	K-1	空调	67	22.11	63
21				空调 汇总		77.88	
22	1	北部4	J-1	加湿器	91	8.1809	90
23	1	西部4	J-1	加湿器	89	8.0011	91
24	1	东部4	J-1	加湿器	56	5.0344	95
25	1	南部4	J-1	加湿器	41	3.6859	96
26				加湿器 汇总		24.9023	
27	1	南部1	D-1	电视机	124	62	18
28	1	北部1	D-1	电视机	96	48	31
29	1	东部1	D-1	电视机	56	28	54
30	1	西部1	D-1	电视机	42	21	67
31				电视机 汇总		159	
32	1	南部3	D-2	电冰箱	88	29.04	51

产品销售统计表　产品单价对照表　产品销售情况表

图 3-75　样张

1. 选取 Sheet1 工作表，将 A1:G1 单元格区域合并为一个单元格，文字居中对齐；利用 VLOOKUP 函数(请用精确匹配，FALSE)，依据本工作簿中"产品单价对照表"中的信息填写 Sheet1 工作表中"类别"列和"单价(元)"列的内容；计算"销售额(万元)"列(F3:F102 单元格区域)的内容(单位转换为万元，数值型，保留小数点后 2 位)；计算"销售额排名"列内容；利用 SUMIF 函数计算每个型号产品总销售额，置于 J7:J26 单元格区域(数值型，保留小数点后 2 位)；计算各类别产品销售额占总销售额的比例，置于 K7:K26 单元格区域(百分比型，保留小数点后 2 位)；利用条件格式图标集修饰"销售额排名"列(G3:G102 单元格区域)，将排名值小于 30 的用绿色向上箭头修饰、排名值大于或等于 70 的用红色圆修饰、其余的用灰色侧箭头修饰。

2. 选取"产品型号"列(I6:I26)、"销售额(万元)"列(J6:J26)及"所占百分比"列(K6:K26)数据区域的内容建立"簇状柱形图"(请用"推荐的图表"中的第 1 个)；设置图表标题为"产品销售统计图"，用"样式 3"修饰图表，设置"销售额"数据系列格式为纯色填充"橄榄色，个性色 3，深色 25%"；设置横坐标轴对齐方式为竖排文本、所有文字旋转 270°；将主要纵坐标轴和次要纵坐标轴的数字均设置为小数位数为 0 的格式；将图表插入当前工作表的 I29:P45 单元格区域，将工作表命名为"产品销售统计表"。

3. 选取"产品销售情况表"内数据清单的内容按主要关键字"季度"的升序和次要关键字"产品名称"的降序进行排序；完成按产品名称、销售额总和的分类汇总，汇总结果显示在数据下方；工作表名不变，保存 Lx4EXCEL.XLSX 工作簿。

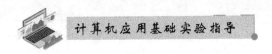

任务 3.5　电子表格综合案例五

一、任务要求

打开"电子表格素材库\素材 5"中的"T5EXCEL. XLSX"文件,编辑成如图 3-76 所示的样张,具体操作要求如下:

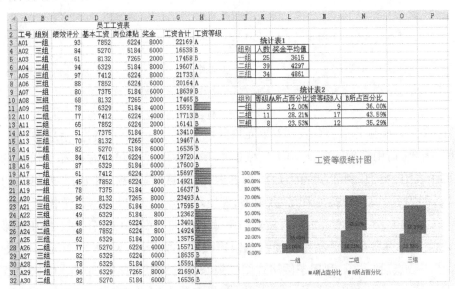

图 3-76　样张

1. 选择 Sheet1 工作表，将 A1：H1 单元格区域合并为一个单元格，文字居中对齐；使用智能填充为"工号"列中的空白单元格添加编号；利用 IF 函数，根据"绩效评分奖金计算规则"工作表中的信息计算"奖金"列（F3：F100 单元格区域）的内容；计算"工资合计"列（G3：G100 单元格区域）的内容（工资合计 = 基本工资 + 岗位津贴 + 奖金）；利用 IF 函数计算"工资等级"列（H3：H100 单元格区域）的内容（如果工资合计大于或等于 19000 为"A"、大于或等于 16000 为"B"，否则为"C"）；利用 COUNTIF 函数计算各组的人数，并置于 K5：K7 单元格区域，利用 AVERAGEIF 函数计算各组奖金的平均值，并置于 L5：L7 单元格区域（数值型，保留小数点后 0 位）；利用 COUNTIFS 函数分别计算各组综合表现为 A、B 的人数，并分别置于 K11：K13 和 M11：M13 单元格区域；计算各组内 A、B 人数所占百分比，并分别置于 L11：L13 和 N11：N13 单元格区域（均为百分比型，保留小数点后 2 位）；利用条件格式将"工资等级"列单元格区域值内容为"C"的单元格设置为"深红（标准色）""水平条纹"填充。

2. 选取 Sheet1 工作表中的统计表 2 中的"组别"列（J10：J13）、"A 所占百分比"列（L10：L13）、"B 所占百分比"列（N10：N13）数据区域的内容建立"堆积柱形图"；修改图表标题为"工资等级统计图"，位于图表上方，图例位于底部；在主坐标轴绘制系列，系列重叠80%，设置坐标轴边界最大值为 1.0；为数据系列添加"轴内侧"数据标签，设置"主轴主要水平网格线"和"主轴次要水平网格线"；将图表插入当前工作表的 J17：P32 单元格区域内；将 Sheet1 工作表命名为"人员工资统计表"。

3. 选取"产品销售情况表"工作表内数据清单的内容按主要关键字"产品类别"的降序次序和次要关键字"分公司"的升序次序进行排序（排序依据均为"数值"）；对排序后的数据进行高级筛选（在数据清单前插入 4 行，条件区域设在 A1：G3 单元格区域，请在对应字段列内输入条件），条件是：产品名称为"笔记本电脑"或"数码相机"且销售额排名在前 30（小于或等于 30）；工作表名不变，保存 T5EXCEL.XLSX 工作簿。

二、任务操作

1. 操作步骤如下：

步骤 1：按任务要求将单元格合并后居中。打开"电子表格素材库\素材 5"中的"T5EXCEL.XLSX"文件，选择 Sheet1 工作表，选中工作表的 A1：H1 单元格区域，在【开始】选项卡的【对齐方式】组中，单击"合并后居中"按钮。

步骤 2：按任务要求填充列内容。选中 A3：A7 单元格区域，将鼠标指针移动到 A7 单元格右下角的填充柄处，当指针变为黑色十字形"＋"时，双击鼠标左键，实现自动填充。

步骤 3：按任务要求计算"奖金"列数据。在 F3 单元格中输入公式"= IF（C3>= 90，8000，IF（C3>= 80，6000，IF（C3>= 70，4000，IF（C3>= 60，2000，800)))))"，并按〈Enter〉键；单击 F3 单元格，将鼠标指针移动到该单元格右下角的填充柄处，当指针变成黑色十字形"＋"时，双击鼠标左键，实现自动填充，如图 3-77 所示。

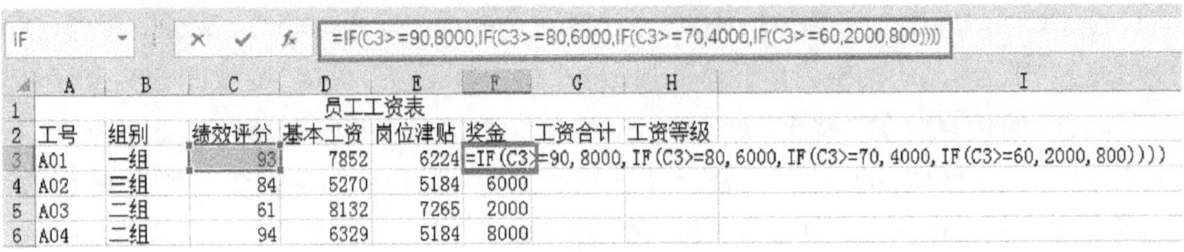

=IF(C3>=90,8000,IF(C3>=80,6000,IF(C3>=70,4000,IF(C3>=60,2000,800))))

	A	B	C	D	E	F	G	H
1	员工工资表							
2	工号	组别	绩效评分	基本工资	岗位津贴	奖金	工资合计	工资等级
3	A01	一组	93	7852	6224	=IF(C3>=90, 8000, IF(C3>=80, 6000, IF(C3>=70, 4000, IF(C3>=60, 2000, 800))))		
4	A02	三组	84	5270	5184	6000		
5	A03	二组	61	8132	7265	2000		
6	A04	二组	94	6329	5184	8000		

图 3-77 设置条件公式计算“奖金”列

步骤 4:按任务要求计算“工资合计”列数据。在 G3 单元格输入“ = D3 + E3 + F3”,并按〈Enter〉键;单击 G3 单元格,将鼠标指针移动到该单元格右下角的填充柄处,当指针变成黑色十字形“ + ”时,双击鼠标左键,实现自动填充。

步骤 5:按任务要求计算“工资等级”列内容。在 H3 单元格内输入公式“ = IF(G3>= 19000, " A" ,IF(G3>= 16000," B" ," C"))”,并按〈Enter〉键;选中 H3 单元格,将鼠标指针移动到 H3 单元格右下角的填充柄处,当指针变成黑色十字形“ + ”时,双击鼠标左键,实现自动填充,如图 3-78 所示。

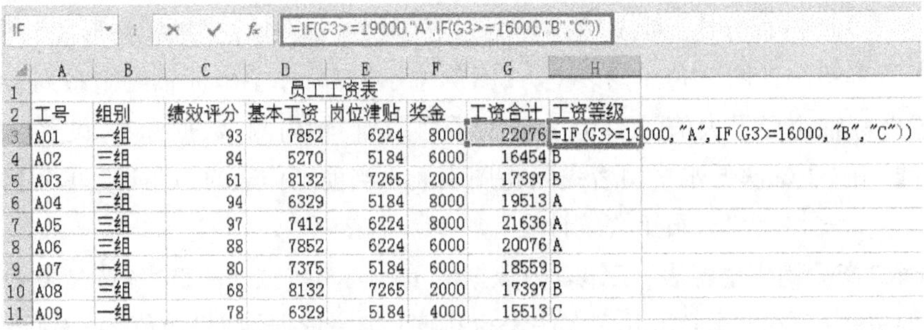

=IF(G3>=19000,"A",IF(G3>=16000,"B","C"))

	A	B	C	D	E	F	G	H
1	员工工资表							
2	工号	组别	绩效评分	基本工资	岗位津贴	奖金	工资合计	工资等级
3	A01	一组	93	7852	6224	8000	22076	=IF(G3>=19000, "A", IF(G3>=16000, "B", "C"))
4	A02	三组	84	5270	5184	6000	16454	B
5	A03	二组	61	8132	7265	2000	17397	B
6	A04	二组	94	6329	5184	8000	19513	A
7	A05	三组	97	7412	6224	8000	21636	A
8	A06	三组	88	7852	6224	6000	20076	A
9	A07	一组	80	7375	5184	6000	18559	B
10	A08	三组	68	8132	7265	2000	17397	B
11	A09	一组	78	6329	5184	4000	15513	C

图 3-78 设置条件公式计算“工资等级”列

步骤 6:按任务要求计算各小组人数和奖金平均值。在 K5 单元格内输入公式“ = COUNTIF($B$3:$B$100,J5)” ,并按〈Enter〉键,填充公式至 K7 单元格。在 L5 单元格内输入公式:“ = AVERAGEIF($B$3:$B$100,J5,$F$3:$F$100)”,如图 3-79 所示,并按〈Enter〉键;单击 L5 单元格,将鼠标指针移动到该单元格右下角的填充柄处,当指针变成黑色十字形“ + ”时,双击鼠标左键,实现自动填充。设置完后选中 L5:L7 单元格,单击【开始】选项卡的【数字】组右下角的“数字格式”对话框启动器按钮,弹出“设置单元格格式”对话框;在“数字”选项卡中设置“分类”为“数值”,设置“小数位数”为“0”,单击“确定”按钮。

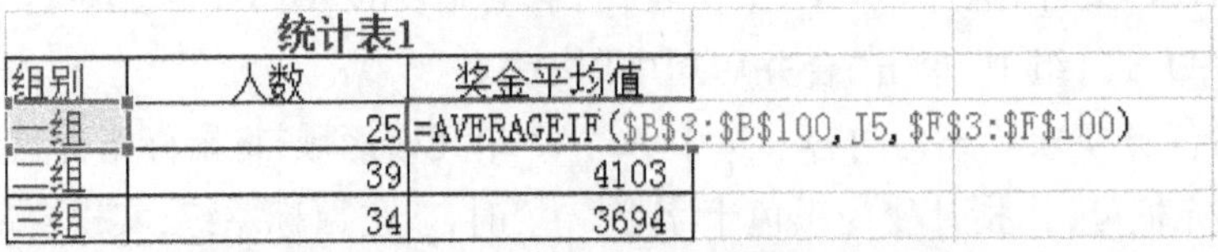

统计表1

组别	人数	奖金平均值
一组	25	=AVERAGEIF($B$3:$B$100, J5, $F$3:$F$100)
二组	39	4103
三组	34	3694

图 3-79 设置条件平均公式计算“奖金平均值”列

步骤 7:按任务要求统计不同工资等级人数。在 K11 单元格内输入“ = COUNTIFS($B $3: $B$100,J11,$H$3:$H$100,A)”,并按〈Enter〉键;单击 K11 单元格,将鼠标指针移动到该单元格右下角的填充柄处,当指针变成黑色十字形“ + ”时,双击鼠标左键,实现自动填充。在 M11 单元格内输入公式“ = COUNTIFS($B$3:$B$100,J11,$H$3:$H$100," B")”, 并按

〈Enter〉键;单击 M11 单元格,将鼠标指针移动到该单元格右下角的填充柄处,当指针变成黑色十字形"＋"时,双击鼠标左键,实现自动填充,如图 3-80 所示。

统计表2				
组别	工资等级A人数	A所占百分比	工资等级B人数	B所占百分比
一组	3		=COUNTIFS($B$3:$B$100,J11,$H$3:$H$100,"B")	
二组	11		17	
三组	8		12	

图 3-80　设置条件计数公式计算工资等级为"A"和"B"的人数

步骤 8:按任务要求计算不同工资等级人数占比。在 L11 单元格内输入公式"＝K11/K5",并按〈Enter〉键;单击 L11 单元格,将鼠标指针移动到该单元格右下角的填充柄处,当指针变成黑色十字形"＋"时,按住鼠标左键不放并拖动填充柄到 L13,释放鼠标左键。在 N11 单元格内输入公式"＝M11/K5",并按〈Enter〉键;单击 N11 单元格,将鼠标指针移动到该单元格右下角的填充柄处,当指针变成黑色十字形"＋"时,按住鼠标左键不放并拖动填充柄到 N13,释放鼠标左键。同时选中 L11:L13 和 N11:N13 单元格区域,单击【开始】选项卡下的【数字】组右下角的"数字格式"对话框启动器按钮,弹出"设置单元格格式"对话框。在"数字"选项卡中设置"分类"为"百分比",设置"小数位数"为"2",单击"确定"按钮,如图 3-81 所示。

统计表1		
组别	人数	奖金平均值
一组	25	3615
二组	39	4297
三组	34	4861

统计表2				
组别	工资等级A人数	A所占百分比	工资等级B人数	B所占百分比
一组	3	=K11/K5	9	36.00%
二组	11	28.21%	17	43.59%
三组	8	23.53%	12	35.29%

图 3-81　计算不同等级工资人数百分比

步骤 9:按任务要求设置条件格式。选中 H3:H100 单元格区域,在【开始】选项卡的【样式】组中,单击"条件格式"按钮,在弹出的下拉列表中选择"突出显示单元格规则"→"等于"选项,弹出"等于"对话框,如图 3-82 所示。在"为等于以下值的单元格设置格式"的文本框中输入"C",在"设置为"中选择"自定义格式",如图 3-83 所示,弹出"设置单元格格式"对话框;在"填充"选项卡中,设置"图案颜色"为"深红(标准色)",设置"图案样式"为"水平条纹",如图 3-84 所示,单击"确定"按钮。返回到"等于"对话框,再次单击"确定"按钮。

图 3-82　设置条件格式

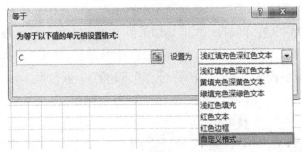

图 3-83　为设定值自定义格式

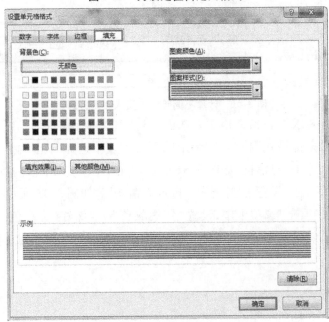

图 3-84　设置自定义格式

2. 操作步骤如下：

步骤 1：按任务要求插入图表。选中 Sheet1 工作表中的统计表 2 中的"组别"列（J10：

J13），按住〈Ctrl〉键不放，同时选中"A 所占百分比"列（L10：L13）、"B 所占百分比"列（N10：N13），切换到【插入】选项卡，单击【图表】组中的"插入柱形图或条形图"下拉按钮，在弹出的下拉列表中选择"二维柱形图"下的"堆积柱形图"，如图 3-85 所示。

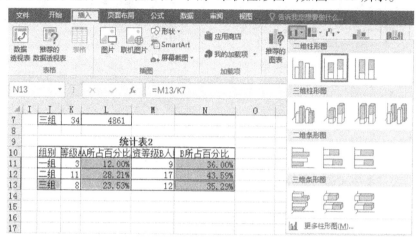

图 3-85　选择数据清单插入"堆积柱形图"

步骤 2：按任务要求设置图表。修改图表标题为"工资等级统计图"。选中图表，单击右上角出现的"＋"号按钮（"图表元素"按钮），勾选"图表标题"复选框，单击"图表标题"复选框右侧的按钮，选择"图表上方"；勾选"图例"复选框，单击"图例"复选框右侧的按钮，选择"底部"。点击文档任意位置，关闭"图表元素"设置，如图 3-86 所示。

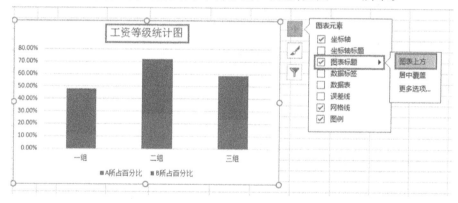

图 3-86　设置图表元素及其位置

步骤 3：按任务要求设置数据系列格式。单击图表中的任一柱形图，右击鼠标，在弹出的级联列表中选择"设置数据系列格式"选项，弹出"设置数据系列格式"任务窗格。在"系列选项"选项卡的"系列绘制在"选项组中单击"主坐标轴"单选钮，设置"系列重叠"为"80％"，如图 3-87 所示，关闭任务窗格。

步骤 4：按任务要求设置坐标轴格式。选中图表左侧的数值坐标轴，右击鼠标，在弹出的级联列表中选择"设置坐标轴格式"选项，弹出"设置坐标轴格式"任务窗格。在"坐标轴选项"选项卡的"边界"选项组中设置"最大值"为"1.0"，如图 3-88 所示，关闭任务窗格。

图 3-87　设置数据系列格式　　　　　　　图 3-88　设置坐标轴格式

步骤 5：按任务要求设置图表元素。选中图表，单击右上角出现的"＋"号按钮（"图表元素"按钮），勾选"数据标签"复选框，单击"数据标签"复选框右侧的按钮，选择"轴内侧"；勾选"网格线"复选框，单击"网格线"复选框右侧的按钮，同时勾选"主轴主要水平网格线"和"主轴次要水平网格线"复选框，如图 3-89 所示。点击文档任意位置，关闭"图表元素"设置。

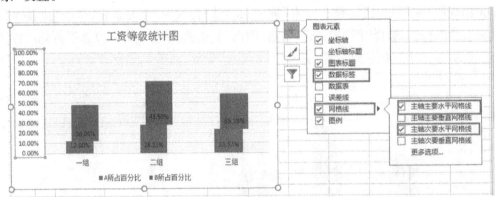

图 3-89　设置图表元素

步骤 6：按任务要求调整图表的大小并移动到指定位置。选中图表，按住鼠标左键不放并拖动图表，使得图表左上角在 J17 单元格区域内，通过放大或者缩小图表使其置于 J17：P32 单元格区域内。

步骤 7：按任务要求设置表名。双击 Sheet1 工作表的表名处，输入"人员工资统计表"。

3. 操作步骤如下：

步骤 1：按任务要求进行排序。选择"产品销售情况表"，单击数据清单中任一单元格，在【数据】选项卡的【排序和筛选】组中，单击"排序"按钮，在弹出的对话框中设置"主要关键字"为"产品类别"，设置"排序依据"为"数值"，设置"次序"为"降序"；单击"添加条件"按钮，设置"次要关键字"为"分公司"，设置"排序依据"为"数值"，设置"次序"为"升序"，单击"确定"按钮，如图 3-90 所示。

图 3-90 设置排序关键字

步骤 2:按任务要求设置筛选条件。选中表格第 1 行并单击鼠标右键,在弹出的快捷菜单中选择"插入行",再反复此操作 3 次,即可在数据清单前插入 4 行。选中 A5:G5 单元格区域,按快捷键〈Ctrl〉+〈C〉复制,单击 A1 单元格,按快捷键〈Ctrl〉+〈V〉粘贴。在 D2 单元格中输入"笔记本电脑",在 D3 单元格中输入"数码相机",在 G2 和 G3 单元格分别输入" <=30",如图 3-91 所示。

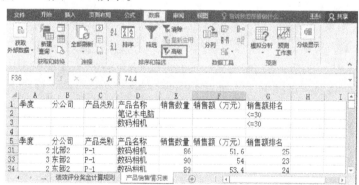

图 3-91 设置筛选条件

步骤 3:按任务要求对数据清单进行筛选。在【数据】选项卡的【排序和筛选】组中,单击"高级"按钮,弹出"高级筛选"对话框。在"列表区域"中输入"产品销售情况表!$A$5:$G$101",在"条件区域"中输入"产品销售情况表!$A$1:$G$3",单击"确定"按钮,如图 3-92、图 3-93 所示。

图 3-92 "高级"筛选按钮   **图 3-93 设置高级筛选条件**

步骤 4:保存并关闭"T5EXCEL. XLSX"工作簿。

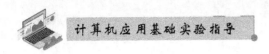

三、任务巩固

打开"电子表格素材库\练习 5"中的"Lx5EXCEL. XLSX"文件,编辑成如图 3-94 的样张,具体操作要求如下:

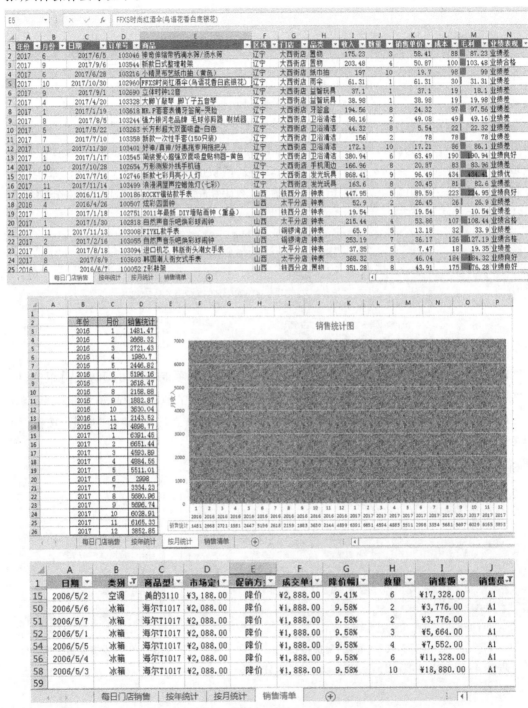

图 3-94 样张

1. 将 Sheet1 工作表命名为"每日门店销售";在工作表的第 1 列数据前插入 2 列,在 A1 和 B1 单元格分别输入文字"年份"和"月份",利用"日期"列的数值和 TEXT 函数,计算出"年份"列的内容(将年显示为四位数字)和"月份"列的内容(将月显示为不带前导零的数字);利用 IF 函数给出"业绩表现"列的内容:如果收入大于 500,在相应单元格内填入"业绩优",如果收入大于 300,在相应单元格内填入"业绩良好",如果收入大于 200,在相应单元格内填入"业绩合格",否则在相应单元格内填入"业绩差";利用条件格式修饰 M2:M358 单元格区域,将单元格设置为"实心填充"的"浅蓝色数据条",为数据区域(A1:N358)套用表格格式"蓝色,表样式中等深浅 2"。

2. 选取"按年统计"工作表,利用"每日门店销售"工作表"收入"列的数值和 SUMIF 函数,计算出工作表中 C3 和 C4 单元格数值(货币型,保留小数点后 2 位);选取"按月统计"工作表,利用"年份"、"月份"和"销售统计"列(B2:D26)数据区域的内容建立"带数据标记的折线图";修改图表标题为"销售统计图",删除图例,纵坐标轴标题为"月收入",设置绘图区填充效果为"软木塞"的纹理填充;将图表插入"按月统计"工作表的 E2:P26 单元格区域内。

3. 选择"销售清单"工作表,对工作表内数据清单的内容按主要关键字"类别"的降序和次要关键字"销售额"的升序进行排序;对排序后的数据进行筛选,条件为:A1 销售员销售的空调和冰箱,保存 Lx5EXCEL.XLSX 工作簿。

任务 3.6　电子表格综合案例六

一、任务要求

打开"电子表格素材库\素材 6"中的"T6EXCEL.XLSX"文件,编辑成如图 3-95 所示的样张,具体操作要求如下:

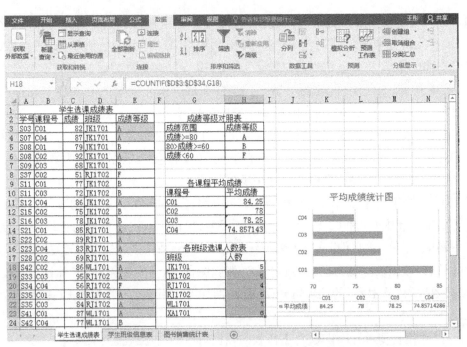

图 3-95 样张

1. 选择 Sheet1 工作表,将 A1:E1 单元格区域合并为一个单元格,文字居中对齐;依据本工作簿中"学生班级信息表"中的信息填写 Sheet1 工作表中"班级"列(D3:D34)的内容(要求利用 VLOOKUP 函数);依据 Sheet1 工作表中成绩等级对照表信息(G3:H6 单元格区域)填写"成绩等级"列(E3:E34)的内容(要求利用 IF 函数);计算每门课程的平均成绩并置于 H11:H14 单元格区域(要求利用 AVERAGEIF 函数);计算各班级选课人数并置于 H18:H23 单元格区域(要求利用 COUNTIF 函数);利用条件格式将"成绩等级"列 E3:E34 单元格区域内容为"A"的单元格设置为"绿填充色深绿色文本"、内容为"B"的单元格设置为"浅红填充色深红色文本"。

2. 选取 Sheet1 工作表中各课程平均成绩中的"课程号"列（G10：G14）、"平均成绩"列（H10：H14）数据区域的内容建立簇状条形图，图表标题为"平均成绩统计图"，以"布局 5"和"样式 5"修饰图表，以"单色"→"颜色 7"更改图表数据条颜色；将图表插入当前工作表的 J10：N23 单元格区域内，将 Sheet1 工作表命名为"学生选课成绩表"。

3. 选择"图书销售统计表"工作表，对工作表内数据清单的内容进行高级筛选（在数据清单前插入 4 行，条件区域设在 A1：G3 单元格区域，请在对应字段列内输入条件），条件为："农业科学"类图书，并且销售数量排名小于 50 或者销售额排名小于 50；工作表名不变，保存 T6EXCEL.XLSX 工作簿。

二、任务操作

1. 操作步骤如下：

步骤 1：按任务要求将单元格合并后居中。打开"电子表格素材库＼素材 6"中的"T6EXCEL.XLSX"文件，选中"Sheet1"工作表的 A1：E1 单元格区域，在【开始】选项卡的【对齐方式】组中单击"合并后居中"按钮。

步骤 2：按任务要求计算班级列内容。在 D3 单元格中输入公式"＝VLOOKUP（A3，学生班级信息表！$A$1：$B$61，2，FALSE）"，并按〈Enter〉键。选中 D3 单元格，将鼠标指针移动到该单元格右下角的填充柄处，当指针变成黑色十字形"＋"时，双击鼠标左键，实现自动填充，如图 3-96 所示。

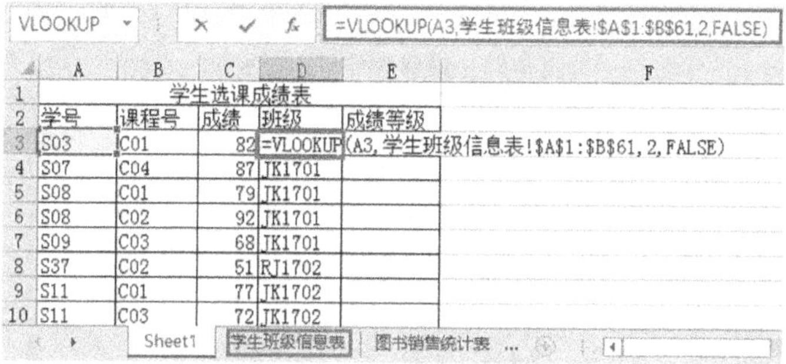

图 3-96　设置多表条件查询

步骤 3：按任务要求填写成绩等级。在 E3 单元格中输入公式"＝IF（C3 >= 80，A，IF（C3 >= 60，"B"，"F"））"，并按〈Enter〉键；选中 E3 单元格，将鼠标指针移动到单元格右下角的填充柄处，当指针变为黑色十字形"＋"时，双击鼠标左键，实现自动填充，如图 3-97 所示。

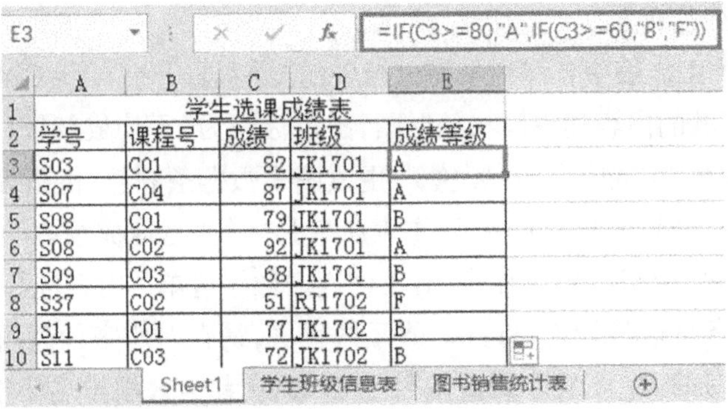

E3　=IF(C3>=80,"A",IF(C3>=60,"B","F"))

学号	课程号	成绩	班级	成绩等级
S03	C01	82	JK1701	A
S07	C04	87	JK1701	A
S08	C01	79	JK1701	B
S08	C02	92	JK1701	A
S09	C03	68	JK1701	B
S37	C02	51	RJ1702	F
S11	C01	77	JK1702	B
S11	C03	72	JK1702	B

图 3-97　设置条件公式

步骤 4:按任务要求计算课程平均成绩。在 H11 单元格中输入公式" = AVERAGEIF($B$3:$B$34,G11,$C$3:$C$34)",并按〈Enter〉键;选中 H11 单元格,将鼠标指针移动到单元格右下角的填充柄处,当指针变为黑色十字形" + "时,双击鼠标左键,实现自动填充,如图 3-98 所示。

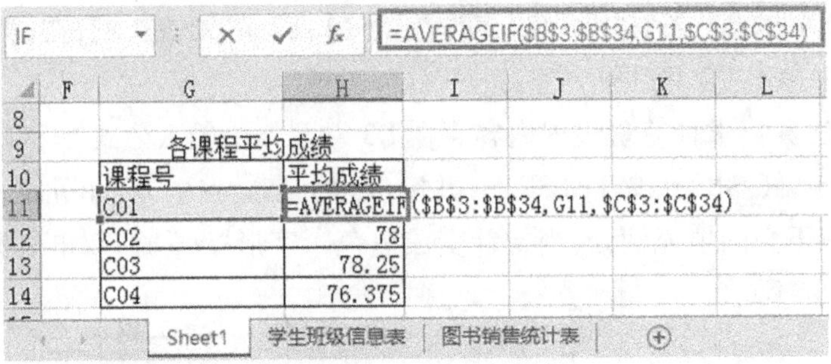

IF　=AVERAGEIF($B$3:$B$34,G11,$C$3:$C$34)

各课程平均成绩

课程号	平均成绩
C01	=AVERAGEIF($B$3:$B$34, G11, $C$3:$C$34)
C02	78
C03	78.25
C04	76.375

图 3-98　设置条件平均公式

步骤 5:按任务要求计算选课人数。在 H18 单元格中输入公式" = COUNTIF($D$3:$D$34,G18)",并按〈Enter〉键;选中 H11 单元格,将鼠标指针移动到单元格右下角的填充柄处,当指针变为黑色十字形" + "时,双击鼠标左键,实现自动填充,如图 3-99 所示。

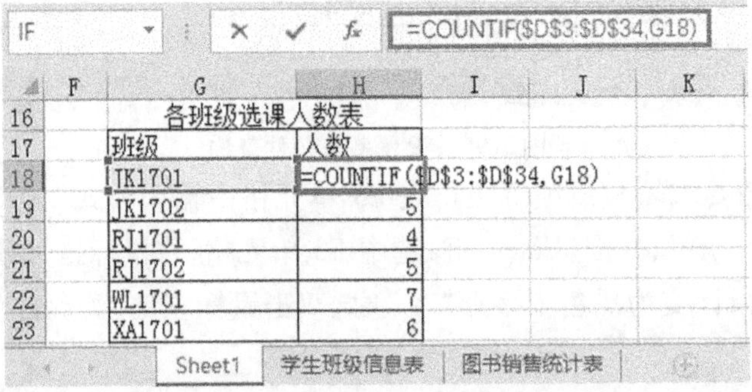

IF　=COUNTIF($D$3:$D$34,G18)

各班级选课人数表

班级	人数
JK1701	=COUNTIF($D$3:$D$34, G18)
JK1702	5
RJ1701	4
RJ1702	5
WL1701	7
XA1701	6

图 3-99　设置条件计数公式

步骤 6:按任务要求设置单元格的条件格式。选中 E3:E34 单元格区域,在【开始】选项卡的【样式】组中,单击"条件格式"下拉按钮,在弹出的下拉列表中选择"突出显示单元格规则"→"等于",弹出"等于"对话框;在"为等于以下值的单元格设置格式"文本框中输入

"A",在"设置为"中选择"绿填充色深绿色文本",单击"确定"按钮。同理,单击"条件格式"下拉按钮,在弹出的下拉列表中选择"突出显示单元格规则"→"等于",弹出"等于"对话框;在"为等于以下值的单元格设置格式"文本框中输入"B",在"设置为"中选择"浅红填充色深红色文本",单击"确定"按钮,如图 3-100 所示。

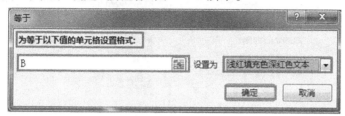

图 3-100　设置条件格式填充色

2. 操作步骤如下:

步骤 1:按任务要求新建图表。选中 G10:H14 单元格区域,在【插入】选项卡的【图表】组中,单击右下角的"查看所有图表"对话框启动器按钮,弹出"插入图表"对话框,切换到"所有图表"选项卡,在"条形图"中选择"簇状条形图",单击"确定"按钮,如图 3-101 所示。

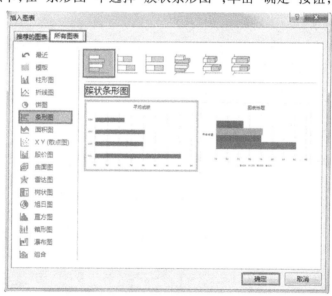

图 3-101　选择数据清单并插入"簇状条形图"

步骤 2:按任务要求修改图表标题。修改图表标题为"平均成绩统计图"。

步骤 3:按任务要求设置图表样式。选中图表,在【图表工具 | 设计】选项卡的【图表布局】组中,单击"快速布局"下拉按钮,在弹出的下拉列表中选择"布局 5",如图 3-102 所示;选中图表,在【图表样式】组中,单击"其他"下拉按钮,在弹出的下拉列表中选择"样式 5";单击"更改颜色"下拉按钮,在弹出的下拉列表中选择"单色"→"颜色 7",如图 3-103 所示。

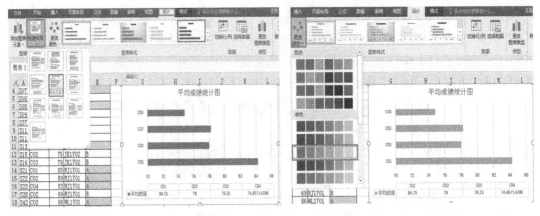

图 3-102　选择图表布局　　　　　　　　图 3-103　更改图表颜色

步骤 4：按任务要求设置图表所在区域。拖动图表，使其左上角在 J10 单元格内，调整图表大小使其在 J10：N23 单元格区域内。

步骤 5：按任务要求为工作表命名。双击 Sheet1 工作表的表名处，将其更改为"学生选课成绩表"。

3．操作步骤如下：

步骤 1：按任务要求设置条件区域。在"图书销售表"工作表中选中第 1 行并单击鼠标右键，在弹出的快捷菜单中选择"插入"选项，反复操作 3 次即可在数据清单前插入 4 行。选中 A5：G5 单元格区域，按快捷键〈Ctrl〉+〈C〉复制，单击 A1 单元格，按快捷键〈Ctrl〉+〈V〉粘贴。

步骤 2：按任务要求设置筛选条件。在 B2 单元格中输入"农业科学"，在 F2 单元格中输入"＜50"，在 B3 单元格中输入"农业科学"，在 G3 单元格中输入"＜50"，如图 3-104 所示。

	A	B	C	D	E	F	G
1	经销部门	图书类别	季度	销售数量(册)	销售额(元)	销售数量排名	销售额排名
2		农业科学				<50	
3		农业科学					<50
4							
5	经销部门	图书类别	季度	销售数量(册)	销售额(元)	销售数量排名	销售额排名
6	第3分部	生物科学	3	124	8680	91	92
7	第3分部	工业技术	2	321	9630	53	86
8	第1分部	工业技术	2	435	21750	26	47

Sheet1　学生班级信息表　图书销售统计表　＋

图 3-104　设置筛选条件

步骤 3：按任务要求进行筛选。在【数据】选项卡的【排序和筛选】组中，单击"高级"按钮，弹出"高级筛选"对话框；在"列表区域"中输入"$A$5：$G$101"，在"条件区域"中输入"图书销售统计表!$A$1：$G$3"，单击"确定"按钮，如图 3-105、图 3-106 所示。

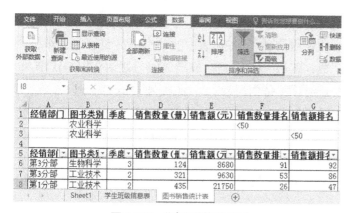

图 3-105　"高级"筛选按钮

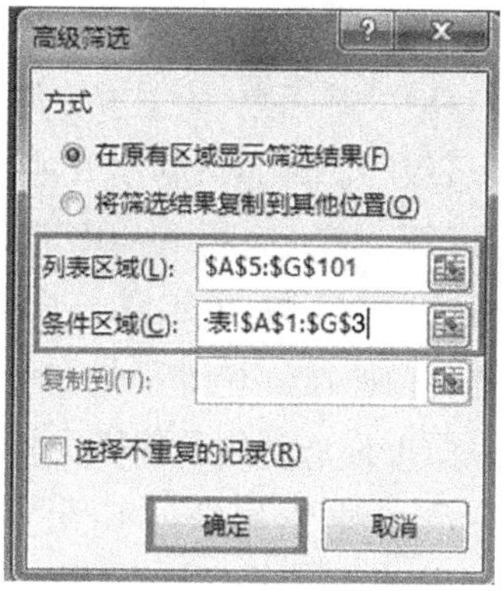

图 3-106　设置高级筛选条件

步骤 4：保存并关闭"T6EXCEL.XLSX"工作簿。

三、任务巩固

打开"电子表格素材库\练习 6"中的"Lx6EXCEL.XLSX"文件，编辑成如图 3-107 所示的样张，具体操作要求如下：

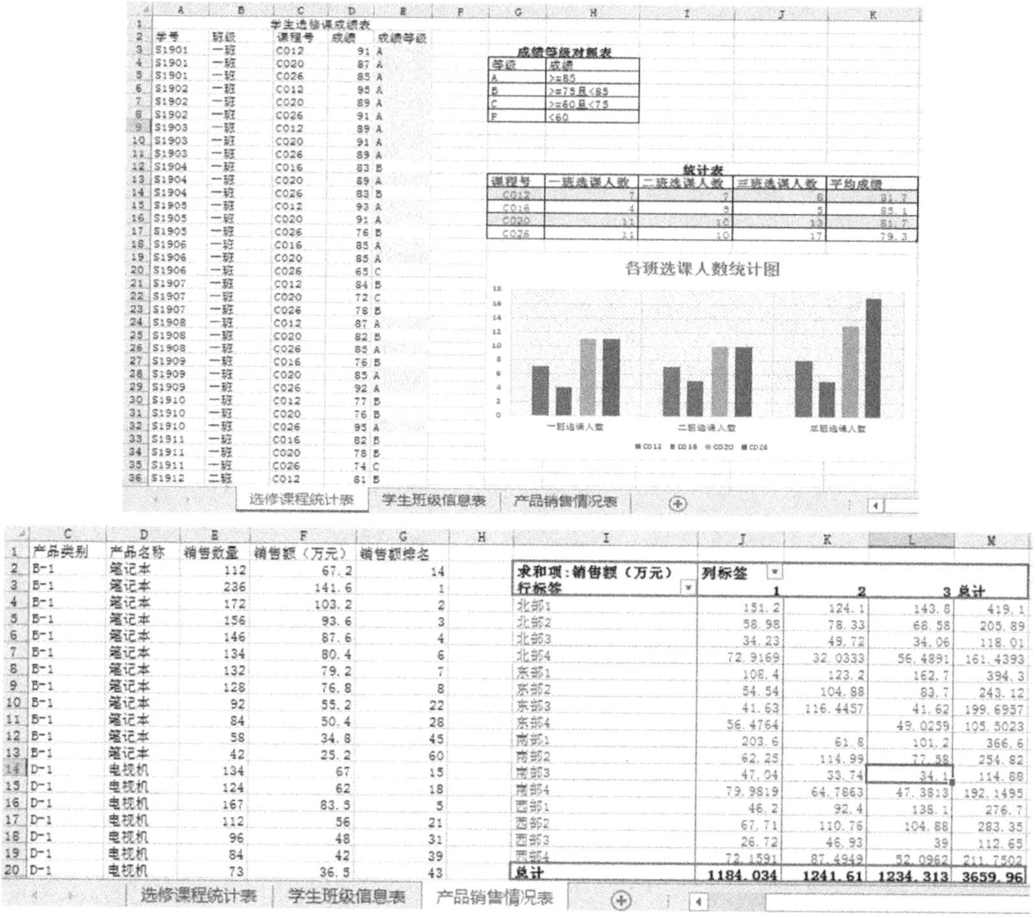

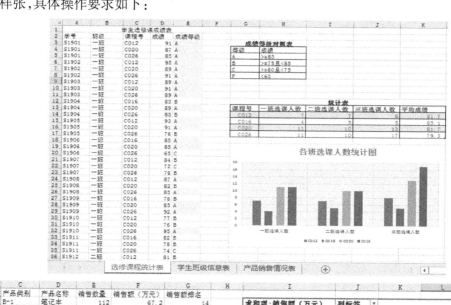

图 3-107　样张

1. 选取 Sheet1 工作表,将 A1:F1 单元格区域合并为一个单元格,文字居中对齐;利用 VLOOKUP 函数,依据本工作簿中"学生班级信息表"工作表中的信息填写 Sheet1 工作表中"班级"列的内容;利用 IF 函数给出"成绩等级"列的内容,成绩等级对照请依据 G4:H8 单元格区域信息;利用 COUNTIFS 函数分别计算每门课程(以"课程号"标识)一班、二班、三班的选课人数,分别置于 H14:H17、I14:I17、J14:J17 单元格区域;利用 AVERAGEIF 函数计算各门课程(以"课程号"标识)平均成绩,并置于 K14:K17 单元格区域(数值型,保留小数点后 1 位);利用条件格式修饰"成绩等"级列,将成绩等级为"A"的单元格设置颜色为"水绿色,个性色 5,淡色 40%"、样式为"25% 灰色"的图案填充;为 G13:K17 单元格区域套用表格格式"表样式浅色 2"。

2. 选取 Sheet1 工作表内"统计表"下的"课程号"列、"一班选课人数"列、"二班选课人数"列、"三班选课人数"列数据区域的内容建立"簇状柱形图";图例为四门课程的课程号,图表标题为"各班选课人数统计图",利用图表样式"样式 7"修饰图表;将图表插入当前工作表的 G19:K34 单元格区域,将工作表命名为"选修课程统计表"。

3. 选取"产品销售情况表",对工作表内数据清单的内容建立数据透视表,按行为"分公司",列为"季度",数据为"销售额(万元)"求和布局;利用数据透视表样式"浅色 9"修饰图表,添加"镶边行"和"镶边列";将数据透视表置于现有工作表的 I2 单元格,保存 Lx6EXCEL.XLSX 工作簿。

项目 4　演示文稿软件 PowerPoint 2016

PowerPoint 2016 是由微软公司开发设计的演示文稿软件,是 Microsoft Office 2016 办公系列软件之一。

PowerPoint(PPT)2016 是 Office 2016 办公组件之一,主要用于创建形象生动、图文并茂的幻灯片,在制作和演示公司简介、会议报告、产品说明、培训计划和教学课件等文档时非常适用。本章主要介绍 PPT 基本操作,PPT 主题、动画和切换方式设置,PPT 放映和打印输出设置等内容。PPT 考点汇总如图 4-1 所示。

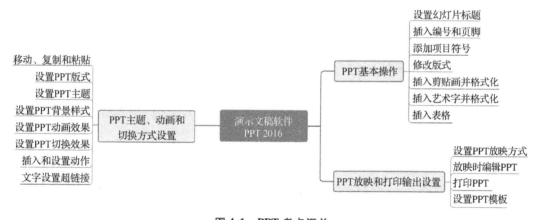

图 4-1　PPT 考点汇总

任务4.1　演示文稿综合案例一

一、任务要求

打开"演示文稿素材库\素材 1"中的"yswg.PPTX"文件,编辑成如图 4-2 所示的样张,具体操作要求如下:

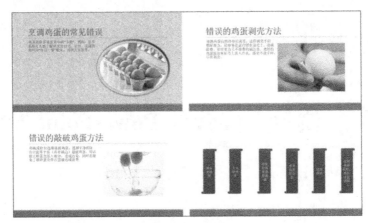

图4-2 样张

1. 为整个演示文稿应用"回顾"主题,设置幻灯片的大小为"全屏显示(16∶9)",放映方式为"观众自行浏览(窗口)"。

2. 将第1张幻灯片版式改为"两栏内容",标题设为"烹调鸡蛋的常见错误";将素材文件夹下的图片文件"PPT1.JPG"插入第1张幻灯片右侧的内容区,图片样式为"金属椭圆",图片效果为"三维旋转"→"倾斜"→"倾斜右上";设置图片动画为"强调"→"陀螺旋",效果选项为"逆时针";设置左侧文字动画为"进入"→"轮子",动画顺序是先文字后图片;将第1张幻灯片的背景设置为"花束"纹理。

3. 设置第2张幻灯片的标题为"错误的鸡蛋剥壳方法",将素材文件夹下的文本文件"PPT2.TXT"的内容复制到左侧的内容区;将素材文件夹下的图片文件"PPT2.JPG"插入右侧的内容区。

4. 将第3张幻灯片版式改为"两栏内容",设置主标题为"错误的敲破鸡蛋方法";将素材文件夹下的图片文件"PPT3.JPG"插入右侧的内容区。

5. 将第4张幻灯片版式改为"空白",在位置(水平2.3厘米,从左上角,垂直6厘米,从左上角)插入形状"星与旗帜"→"竖卷形",形状填充为"紫色(标准色)",高度为8.6厘米,宽度为3厘米;从左至右再插入与第1个竖卷形格式大小完全相同的5个竖卷形,并参考素材文件夹下的文本文件"PPT4.TXT"的内容,按段落顺序(前6段)依次将烹调鸡蛋的常见错误(每段的第1句话)从左至右分别插入各竖卷形,如在从左数第2个竖卷形中插入文本"大火炒鸡蛋";设置6个竖卷形的动画为"进入"→"飞入";除左边第1个竖卷形外,其他竖卷形动画的"开始"均设置为"上一动画之后","持续时间"均设置为"2";在备注区插入备注"烹调鸡蛋的其他常见错误"。

6. 设置全部幻灯片的切换方式为"旋转",效果选项为"自底部";保存文件。

二、任务操作

1. 操作步骤如下:

步骤1:按任务要求设置演示文稿主题。打开"演示文稿素材库\素材1"中的"yswg.

PPTX"文件,选中第1张幻灯片,在【设计】选项卡的【主题】组中单击"其他"下拉按钮,在下拉列表中选择"回顾"主题,如图4-3、图4-4所示。

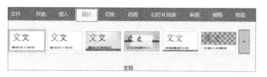

图4-3 【主题】组

图4-4 设置"回顾"主题

步骤2:按任务要求设置幻灯片大小。在【设计】选项卡的【自定义】组中单击"幻灯片大小"下拉按钮,如图4-5所示,在下拉列表中选择"自定义幻灯片大小",弹出"幻灯片大小"对话框;选择"全屏显示(16:9)",单击"确定"按钮,如图4-6所示。

图4-5 "幻灯片大小"按钮

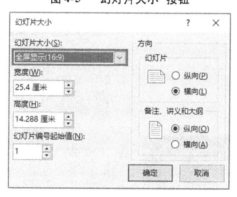

图4-6 "全屏显示(16:9)"选项

步骤3:按任务要求设置幻灯片放映方式。在【幻灯片放映】选项卡中,单击【设置】组中的"设置幻灯片放映"按钮,如图4-7所示,弹出"设置放映方式"对话框;在"放映类型"选项组中选中"观众自行浏览(窗口)"单选钮,单击"确定"按钮,如图4-8所示。

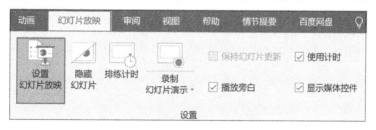

图4-7 "设置幻灯片放映"按钮

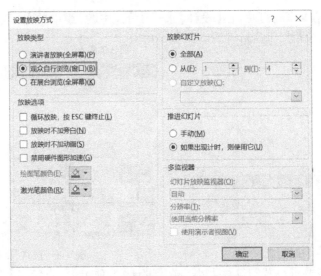

图4-8 "设置放映方式"对话框

2. 操作步骤如下：

步骤1：按任务要求设置幻灯片版式。选中第1张幻灯片，在【开始】选项卡中，单击【幻灯片】组中的"版式"按钮，在弹出的下拉列表中选择"两栏内容"，如图4-9、图4-10所示。

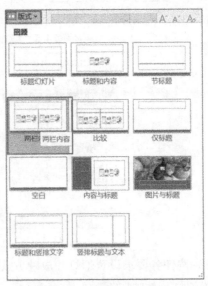

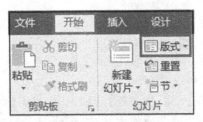

图4-9 "版式"按钮　　　　　　　　图4-10 "两栏内容"版式选项

步骤2：按任务要求输入标题。选中第1张幻灯片，输入标题"烹调鸡蛋的常见错误"，如图4-11所示。

图 4-11　输入标题内容

步骤 3：按任务要求插入图片。选中第 1 张幻灯片，在右侧文本区单击"图片"按钮，弹出"插入图片"对话框，如图 4-12 所示。从素材文件夹下找到并选中图片文件"PPT1.JPG"，单击"插入"按钮。

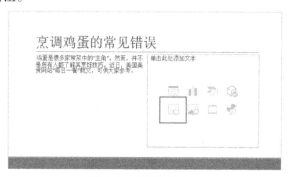

图 4-12　"图片"按钮

步骤 4：按任务要求设置图片样式。选中图片文件"PPT1.JPG"，在【图片工具｜格式】选项卡的【图片样式】组中，单击"其他"下拉按钮，如图 4-13 所示，在下拉列表中选择"金属椭圆"，如图 4-14 所示。

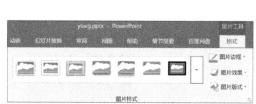

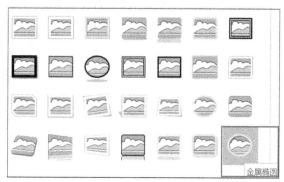

图 4-13　"其他"按钮　　　　　　**图 4-14　"金属椭圆"选项**

步骤 5：按任务要求设置图片效果。在【图片工具｜格式】选项卡的【图片样式】组中单击"图片效果"下拉按钮，如图 4-15 所示；在下拉列表中选择"三维旋转"→"倾斜"→"倾斜右上"，如图 4-16 所示。插入图片效果如图 4-17 所示。

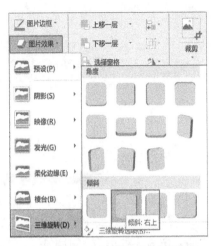

图 4-15　"图片效果"按钮

图 4-16　"倾斜：右上"选项

图 4-17　插入图片效果

步骤 6：按任务要求设置图片动画。选中第 1 张幻灯片中右侧图片，在【动画】选项卡的【动画】组中，单击"其他"按钮，在下拉列表中选择"强调"→"陀螺旋"，如图 4-18、图 4-19 所示。在【动画】选项卡的【动画】组中，单击"效果选项"按钮，在下拉列表中选择"逆时针"，如图 4-20、图 4-21 所示。

图 4-18　"其他"按钮

图 4-19　"陀螺旋"选项

图 4-20　"效果选项"按钮

图 4-21　"逆时针"选项

步骤7：按任务要求设置文字动画。选中第1张幻灯片中左侧文本框，在【动画】选项卡的【动画】组中，单击"其他"按钮，如图4-22所示，在下拉列表中选择"进入"→"轮子"，如图4-23所示。

图4-22 "其他"按钮　　　　　　　　　　　图4-23 "轮子"选项

步骤8：按任务要求设置第1张幻灯片动画顺序。选中第1张幻灯片中左侧文本框，在【动画】选项卡的【计时】组中，单击"向前移动"按钮，如图4-24、图4-25所示。

图4-24 【计时】组

图4-25 设置动画顺序

步骤9：按任务要求设置背景格式。选中第1张幻灯片，切换到【设计】选项卡，单击【自定义】组中的"设置背景格式"按钮，如图4-26所示；在窗口右侧出现的"设置背景格式"任务窗格中，选中"填充"选项组中的"图片或纹理填充"单选钮，单击"纹理"下拉按钮，在下拉列表中选择"花束"，如图4-27、图4-28所示。

图4-26 "设置背景格式"按钮

图4-27 "填充"选项　　　　　　　图4-28 填充效果

3. 操作步骤如下：

步骤 1：按任务要求输入标题并加入文本内容。选中第 2 张幻灯片，在幻灯片的标题占位符中输入"错误的鸡蛋剥壳方法"；打开素材文件夹中的文本文档"PPT2. TXT"，复制文中内容，将其粘贴到第 2 张幻灯片的左侧内容区中，如图 4-29 所示。

图 4-29 输入标题和文本内容

步骤 2：按任务要求插入图片。在第 2 张幻灯片的右侧文本区单击"图片"按钮，弹出"插入图片"对话框，如图 4-30 所示；从素材文件夹下找到并选中图片文件"PPT2. JPG"，单击"插入"按钮，如图 4-31 所示。

图 4-30 "图片"按钮　　　　　　　　　　图 4-31 插入图片效果

4. 操作步骤如下：

步骤 1：按任务要求设置幻灯片版式。选中第 3 张幻灯片，在【开始】选项卡的【幻灯片】组中单击"版式"按钮，如图 4-32 所示，在弹出的下拉列表中选择"两栏内容"，如图 4-33 所示。

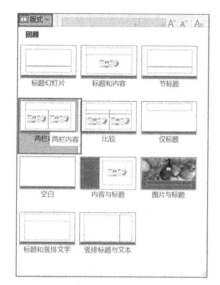

图 4-32 "版式"按钮　　　　图 4-33 "两栏内容"版式选项

步骤 2:按任务要求输入标题。选中第 3 张幻灯片,输入主标题为"错误的敲破鸡蛋方法",如图 4-34 所示。

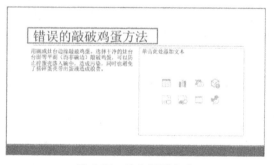

图 4-34 输入标题内容

步骤 3:按任务要求插入图片。选中第 3 张幻灯片,在右侧文本区单击"图片"按钮,弹出"插入图片"对话框,如图 4-35 所示;从素材文件夹下找到并选中图片文件"PPT3.JPG",单击"插入"按钮,如图 4-36 所示。

图 4-35 "图片"按钮　　　　　　图 4-36 插入图片效果

5. 操作步骤如下:

步骤 1:按任务要求设置幻灯片版式。选中第 4 张幻灯片,在【开始】选项卡的【幻灯

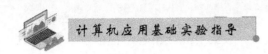
片】组中单击"版式"按钮,如图 4-37 所示,在弹出的下拉列表中选择"空白",如图 4-38
所示。

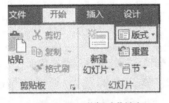

图 4-37 "版式"按钮

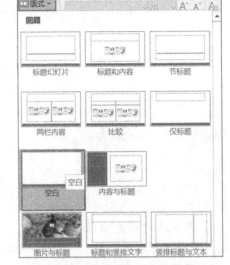

图 4-38 "空白"版式选项

步骤 2:按任务要求插入图形。单击第 4 张幻灯片,切换到【插入】选项卡,单击【插图】
组中的"形状"按钮,如图 4-39 所示,在弹出的下拉列表中选择"星与旗帜"→"竖卷形",如
图 4-40 所示;此时鼠标指针呈"十"字形状,按住鼠标左键不放,向右下角拖动一段距离,再
释放鼠标左键,插入图形后的效果如图 4-41 所示。

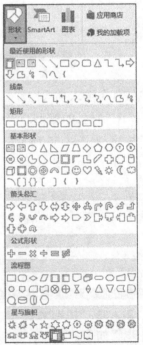

图 4-40 "竖卷形"选项

图 4-39 "形状"按钮

图 4-41　图形效果

步骤 3：按任务要求设置图形颜色。选中插入的形状，在【绘图工具｜格式】选项卡的【形状样式】组中单击"形状填充"按钮，如图 4-42 所示，在弹出的下拉列表中选择"紫色（标准色）"，如图 4-43 所示。形状填充效果如图 4-44 所示。

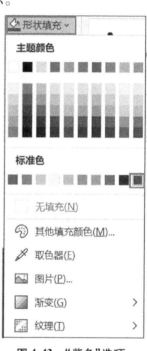

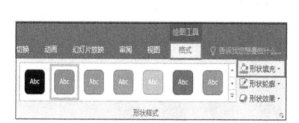

图 4-42　"形状填充"按钮　　　　**图 4-43　"紫色"选项**

图 4-44　形状填充效果

步骤4：按任务要求设置形状格式。选中插入的形状，单击鼠标右键，在弹出的快捷菜单中选择"设置形状格式"选项。在右侧的"设置形状格式"任务窗格中，切换到"大小与属性"选项卡，在"位置"选项组中，设置"水平位置"为"2.3 厘米"，从"左上角"，设置"垂直位置"为"6 厘米"，从"左上角"，如图 4-45 所示；在"大小"选项组中，设置"高度"为"8.6 厘米"，设置"宽度"为"3 厘米"，如图 4-46 所示，关闭任务窗格。

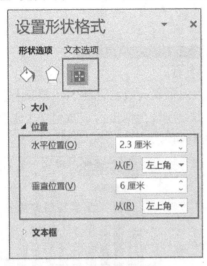

图 4-45　设置位置　　　　　　　　　图 4-46　设置大小

步骤5：按任务要求插入形状。选中插入的形状，使用快捷键〈Ctrl〉+〈C〉复制该形状，按 5 次快捷键〈Ctrl〉+〈V〉，水平向右拖动新生成的 5 个形状，使得 6 个图形间距相等。在6 个图形中参考素材文件夹下的"PPT4. TXT"文件（前 6 段），从左到右依次在"竖卷形"中编辑文字"沸水煮鸡蛋""大火炒鸡蛋""煎蛋饼前使劲搅蛋液""煮荷包蛋时加盐""使用铁锅""用鸡蛋做菜时，最后才放调料"，如图 4-47 所示。

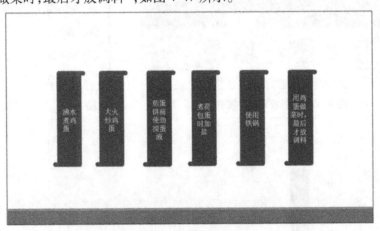

图 4-47　设置形状文本内容

步骤6：按任务要求设置形状动画。按住〈Ctrl〉键的同时，选中 6 个竖卷形，切换到【动画】选项卡，单击【动画】组中的"其他"按钮，如图 4-48 所示；在弹出的下拉列表中，选择"进入"→"飞入"，单击"确定"按钮，如图 4-49 所示。

图4-48 【动画】组

图4-49 "飞入"选项

步骤7:按任务要求设置动画顺序。从左至右依次选中后5个竖卷形,在【动画】选项卡的【计时】组中,设置"开始"为"上一动画之后",设置"持续时间"为"02.00",如图4-50所示。

图4-50 设置动画顺序

步骤8:按任务要求输入备注内容。在第4张幻灯片的备注区输入"烹调鸡蛋的其他常见错误",如图4-51所示。

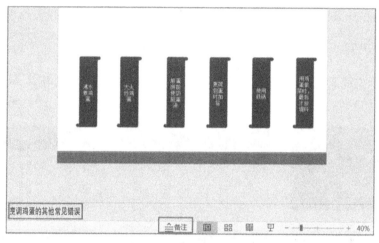

图4-51 插入备注内容

6. 操作步骤如下:

步骤1:按任务要求设置幻灯片切换方式。单击任一幻灯片,在【切换】选项卡的【切换到此幻灯片】组中单击"其他"下拉按钮,如图4-52所示,在弹出的下拉列表中选择"动态内容"→"旋转",如图4-53所示。单击"效果选项"按钮,在弹出的下拉列表中选择"自底部",如图4-54所示。最后,单击【计时】组中的"全部应用"按钮,如图4-55所示。

图4-52 "其他"按键

图 4-53　设置切换方式　　　　　　　　图 4-54　设置效果选项

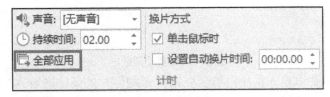

图 4-55　设置全部应用

步骤2：保存并关闭"yswg.PPTX"文件。

三、任务巩固

打开"演示文稿素材库\练习1"中的"yswg.PPTX"文件，编辑成如图4-56所示的样张，具体操作要求如下：

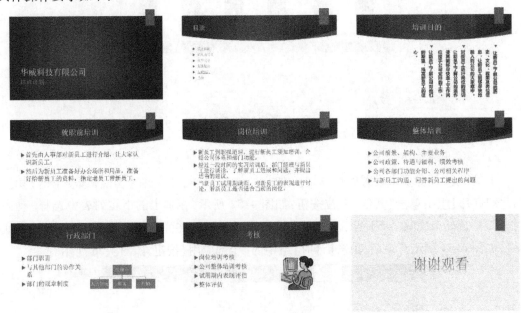

图 4-56　样张

1. 为整个演示文稿应用"离子会议室"主题;设置全体幻灯片切换方式为"覆盖",效果选项为"从左上部",每张幻灯片的自动切换时间是 5 秒;设置幻灯片的大小为"宽屏(16:9)";设置放映方式为"观众自行浏览(窗口)"。

2. 设置第 2 张幻灯片文本框中文字的字体为"微软雅黑",字体样式为"加粗",字体大小为"24",文字颜色为"深蓝色(标准色)",行距为"1.5 倍行距"。

3. 在第 1 张幻灯片后面插入一张新幻灯片,版式为"标题和内容",在标题处输入文字"目录",在文本框中按顺序输入第 3~8 张幻灯片的标题,并且添加相应幻灯片的超链接。

4. 将第 7 张幻灯片的版式改为"两栏内容",在右侧栏中插入一个组织结构图,结构如图 4-57 所示,设置该结构图的颜色为"彩色填充-个性色 2"。

图 4-57　组织结构图

5. 为第 7 张幻灯片的结构图设置动画"进入"→"浮入",效果选项为"下浮",序列为"逐个级别";为左侧文字设置动画"进入"→"出现";动画顺序是先文字后结构图。

6. 在第 8 张幻灯片中插入素材文件夹中的"考核.JPG"图片,设置图片高度为"7 厘米""锁定纵横比",设置图片位置为"水平 20 厘米""垂直 8 厘米",均为从"左上角",并为图片设置动画"强调"→"跷跷板"。

7. 在最后一张幻灯片后面加入一张新幻灯片,设置这张幻灯片的版式为"空白",背景为"羊皮纸"纹理;插入样式为"渐变填充-淡紫,着色 5,反射"的艺术字,输入文字"谢谢观看",文字大小为"80",文本效果为"半映像,4 pt 偏移量",并设置对齐方式为"水平居中"和"垂直居中"。

任务4.2　演示文稿综合案例二

一、任务要求

打开"演示文稿素材库\素材 2"中的"yswg.PPTX"文件,编辑成如图 4-58 所示的样张,具体操作要求如下:

图 4-58 样张

1. 在第 1 张幻灯片前插入 4 张新幻灯片,设置幻灯片大小为"全屏显示(16:9)";为整个演示文稿应用"带状"主题,设置放映方式为"观众自行浏览(窗口)";除了标题幻灯片外,其他幻灯片中的页脚都插入"食品类"三个字,并且也插入与其幻灯片编号相同的数字,例如,第 3 张幻灯片的幻灯片编号内容为"3"。

2. 设置第 1 张幻灯片版式为"标题幻灯片",主标题为"冰淇淋的加工",副标题为"培训教程";设置主标题为 60 磅字,副标题为黑体、32 磅字、文本右对齐。

3. 设置第 2 张幻灯片的版式为"空白",并在位置(水平:8.8 厘米,从左上角,垂直 6.2 厘米,从左上角)插入样式为"填充-白色,轮廓-着色1,发光-着色1"的艺术字"动手制作";设置艺术字文字大小为 72 磅字,艺术字宽度为 15 厘米、高度为 3.5 厘米;艺术字文本效果为"转换"→"弯曲"→"停止";艺术字动画为"进入"→"劈裂",效果选项为"中央向左右展开";幻灯片的背景样式为"样式3"。

4. 设置第 3 张幻灯片版式为"两栏内容",主标题为"冰淇淋的定义";将素材文件夹下"SC.DOCX"文档中相应文本插入左侧内容区,将素材文件夹下的图片文件"PPT1.JPG"插入右侧的内容区;图片样式为"剪去对角,白色",图片效果为"棱台"→"艺术装饰";图片动画为"强调"→"陀螺旋",方向为"逆时针",图片动画开始为"上一动画之后",延迟为 1 秒,左侧的文本动画为"进入"→"轮子",效果选项为"2 轮辐图案(2)";动画顺序是先文本后图片。

5. 设置第 4 张幻灯片版式为"标题和内容",标题为"冰淇淋的种类",将素材文件夹下"SC.DOCX"文档中的相应文本插入内容区;为内容文本设置动画"进入"→"飞入",效果选项为"自左侧";为标题设置动画"进入"→"浮入",效果选项为"下浮",标题动画开始为"与上一动画同时",延迟为 1.25 秒,动画顺序是先标题后内容文本。

6. 在第 5 张幻灯片后插入 3 张新幻灯片,设置第 6 张幻灯片版式为"两栏内容",标题为"原料及作用";将第 5 张幻灯片右侧内容区的文本"由于脂肪在……的组织和良好的质构。"移到第 6 张幻灯片左侧的文本区,将素材文件夹下的图片文件"PPT2.JPG"插入右侧内容区中;图片样式为"旋转,白色",图片效果为"发光"→"酸橙色,8 pt 发光,个性色 2";图片动画为"退出"→"旋转",动画开始为"上一动画之后",延迟为 1 秒。

7. 设置第 7 张幻灯片版式为"图片与标题",标题为"冰淇淋的生产",将素材文件夹下"SC.DOCX"文档中的相应文本插入内容区,将素材文件夹下的图片文件"PPT3.JPG"插入图片区;在备注区插入备注:"冰淇淋原料虽然有不同的原料选择,但标准的冰淇淋组成大致在下列范围:脂肪 8%—14%、全脂乳干物质 8%—12%、蔗糖 13%—15%、稳定剂 0.3%—0.5%。"

8. 设置第 8 张幻灯片版式为"标题和内容",标题为"冰淇淋质量缺陷及原因",在内容区插入一个 5 行 3 列的表格,表格样式为"主题样式 1-强调 1",第 1 列列宽为 2.1 厘米,第 2 列列宽为 7.5 厘米,第 3 列列宽为 10.2 厘米;第 1 行第 1、2、3 列内容依次为"种类"、"缺陷"和"原因",参考素材文件夹下"SC. DOCX"文档的内容,按风味、组织状态、质地、融化状态的顺序从上到下将适当内容填入表格其余 4 行,并且将这 4 行文字设置为黑体、12 磅,表格文字全部设置为"居中"和"垂直居中"对齐方式。

9. 将第 2 张幻灯片移动到末尾,成为最后一张幻灯片;设置页脚编号为奇数的幻灯片切换方式为"缩放",效果选项为"放大",页脚编号为偶数的幻灯片切换方式为"棋盘",效果选项为"自顶部";保存文件。

二、任务操作

1. 操作步骤如下:

步骤 1:按任务要求插入 4 张幻灯片。打开"演示文稿素材库\素材 2"中的"yswg. PPTX"文件,将鼠标光标置于第 1 张幻灯片前,在【开始】选项卡的【幻灯片】组中单击 4 次"新建幻灯片"按钮,即可在第 1 张幻灯片前插入 4 张新幻灯片,如图 4-59、图 4-60 所示。

图 4-59 "新建幻灯片"按钮

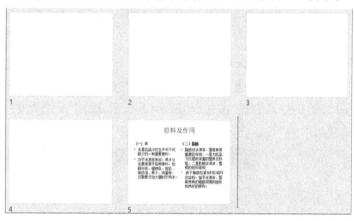

图 4-60 新建幻灯片效果

步骤 2:按任务要求设置幻灯片大小。在【设计】选项卡的【自定义】组中,单击"幻灯片大小"下拉按钮,如图 4-61 所示,在下拉列表中选择"自定义幻灯片大小",弹出"幻灯片大小"对话框;选择"全屏显示(16:9)",单击"确定"按钮,如图 4-62 所示。

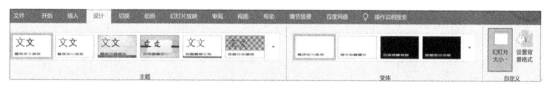

图 4-61 设置幻灯片大小

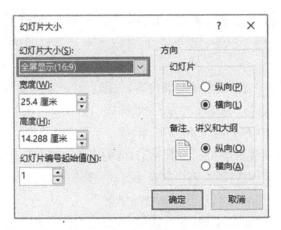

图 4-62　"全屏显示(16:9)"选项

步骤 3:按任务要求设置幻灯片主题。在【设计】选项卡的【主题】组中,单击"其他"下拉按钮,如图 4-63 所示,在下拉列表中选择"Office"→"带状",如图 4-64 所示。

图 4-63　"其他"按钮

图 4-64　"带状"主题

步骤 4:按任务要求设置幻灯片放映方式。在【幻灯片放映】选项卡的【设置】组中,单击"设置幻灯片放映"按钮,如图 4-65 所示,弹出"设置放映方式"对话框;选中"放映类型"选项组中的"观众自行浏览(窗口)"单选钮,单击"确定"按钮,如图 4-66 所示。

图 4-65　"设置幻灯片放映"按钮

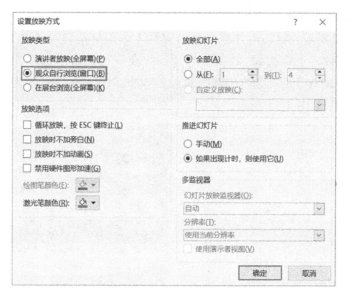

图 4-66 设置幻灯片放映类型

步骤5:按任务要求插入页脚和幻灯片编号。在【插入】选项卡的【文本】组中,单击"页眉和页脚"按钮,弹出"页眉和页脚"对话框,如图4-67所示。在"幻灯片"选项卡中,勾选"幻灯片编号""页脚""标题幻灯片中不显示"复选框,在"页脚"下的文本框中输入"食品类",单击"全部应用"按钮,如图4-68所示。

图 4-67 "页眉和页脚"按钮

图 4-68 "页眉和页脚"对话框

2. 操作步骤如下：

步骤 1：按任务要求设置幻灯片版式。选中第 1 张幻灯片，在【开始】选项卡的【幻灯片】组中，单击"版式"下拉按钮，如图 4-69 所示，在下拉列表中选择"标题幻灯片"，如图 4-70 所示。在该幻灯片的标题占位符中输入文字"冰淇淋的加工"，在副标题占位符中输入文字"培训教程"，如图 4-71 所示。

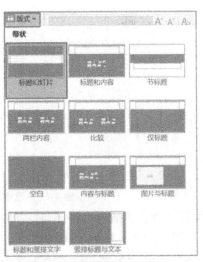

图 4-69　"版式"按钮　　　　　　　图 4-70　"标题幻灯片"版式选项

图 4-71　设置标题

步骤 2：按任务要求设置文字格式。选中第 1 张幻灯片中主标题文字，在【开始】选项卡的【字体】组中，设置"字号"为"60"，如图 4-72 所示。选中副标题文字，在【字体】组中设置"字体"为"黑体"，设置"字号"为"32"；在【段落】组中单击"右对齐"按钮。最终效果如图 4-73 所示。

图 4-72　设置文字格式　　　　　　　图 4-73　设置文字字体、段落效果

3. 操作步骤如下：

步骤 1:按任务要求设置幻灯片版式。选中第 2 张幻灯片,在【开始】选项卡的【幻灯片】组中,单击"版式"下拉按钮,如图 4-74 所示,在下拉列表中选择"空白"版式,如图 4-75 所示。

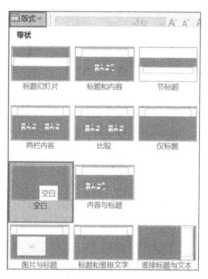

图 4-74　"版式"按钮　　　　　　　　　　图 4-75　"空白"版式选项

步骤 2:按任务要求插入艺术字。选中第 2 张幻灯片,在【插入】选项卡的【文本】组中,单击"艺术字"下拉按钮,如图 4-76 所示,在下拉列表中选择"填充-白色,轮廓-着色 1,发光-着色 1"样式,然后在艺术字占位符中输入文字"动手制作",如图 4-77、图 4-78 所示。

图 4-76　"艺术字"按钮

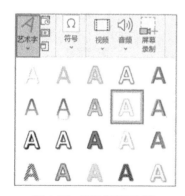

图 4-77　"艺术字"选项　　　　　　　　　　图 4-78　插入艺术字效果

步骤 3:按任务要求设置艺术字大小和位置。选中艺术字占位符,在【开始】选项卡的【字体】组中,设置"字号"为"72",如图 4-79 所示。在【绘图工具｜格式】选项卡的【大小】

组中，单击右下角的"大小和位置"对话框启动器按钮，如图4-80所示。在窗口右侧出现的"设置形状格式"任务窗格的"大小"选项组中，设置"高度"为"3.5厘米"、"宽度"为"15厘米"，如图4-81所示；单击"位置"将其展开，设置"水平位置"为"8.8厘米"，从"左上角"，设置"垂直位置"为"6.2厘米"，从"左上角"，如图4-82所示，最后关闭该任务窗格。

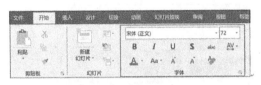

图4-79 设置字体大小

图4-80 "大小和位置"对话框启动器按钮

图4-81 设置大小

图4-82 设置位置

步骤4：按任务要求设置艺术字文本效果。选中艺术字占位符，在【绘图工具|格式】选项卡的【艺术字样式】组中，单击"文本效果"下拉按钮，如图4-83所示，在下拉列表中选择"转换"→"弯曲"→"停止"，如图4-84所示。艺术字文本效果如图4-85所示。

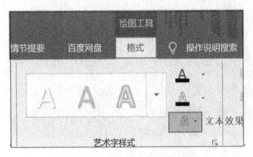

图4-83 "文本效果"按钮

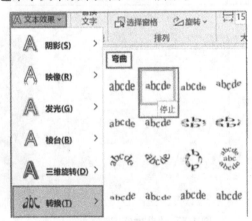

图4-84 设置文本效果

图 4-85　艺术字文本效果

步骤 5：按任务要求设置艺术字动画。选中艺术字占位符，在【动画】选项卡的【动画】组中，单击"其他"按钮，如图 4-86 所示，在下拉列表中选择"进入"→"劈裂"，如图 4-87 所示。单击"效果选项"下拉按钮，在下拉列表中选择"中央向左右展开"，如图 4-88、图 4-89 所示。

图 4-86　"其他"按钮

图 4-87　设置动画

图 4-88　"效果选项"按钮　　　　　　**图 4-89　"中央向左右展开"选项**

步骤 6：按任务要求设置幻灯片背景样式。在【设计】选项卡的【变体】组中，单击"其他"按钮，如图 4-90 所示，在下拉列表中选择"背景样式"→"样式 3"，如图 4-91、图 4-92所示。

图 4-90　"其他"按钮

图 4-91 "背景样式"选项　　　　　　　　图 4-92 "样式 3"选项

4. 操作步骤如下：

步骤 1：按任务要求设置幻灯片版式。选中第 3 张幻灯片，在【开始】选项卡的【幻灯片】组中，单击"版式"下拉按钮，如图 4-93 所示，在下拉列表中选择"两栏内容"，如图 4-94 所示。然后在幻灯片的主标题占位符中输入文字"冰淇淋的定义"，如图 4-95 所示。

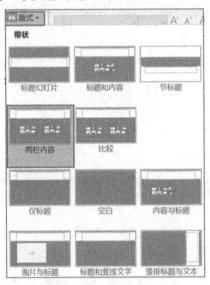

图 4-93 "版式"按钮　　　　　　　图 4-94 "两栏内容"版式选项

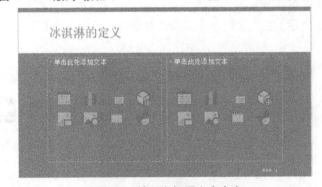

图 4-95 输入主标题文字内容

步骤 2：按任务要求插入文本和图片。打开素材文件夹下的"SC.DOCX"文件，将"冰淇

淋的定义"标题下的文本复制粘贴到第 3 张幻灯片的左侧内容区中。单击右侧内容区中的
"图片"按钮,弹出"插入图片"对话框,如图 4-96 所示,找到并选中素材文件夹下的
"PPT1. JPG"图片,单击"插入"按钮,如图 4-97 所示。

图 4-96　"图片"按钮

图 4-97　插入文本图片效果

步骤 3:按任务要求设置图片样式和图片效果。选中图片,在【图片工具 | 格式】选项
卡的【图片样式】组中,单击"其他"按钮,在下拉列表中选择"剪去对角,白色",如图 4-98、
图 4-99 所示;再单击"图片效果"下拉按钮,在下拉列表中选择"棱台"→"艺术装饰",如图
4-100、图 4-101 所示。

图 4-98　"其他"按钮

图 4-99　"剪去对角,白色"选项

图 4-100　"图片效果"按钮

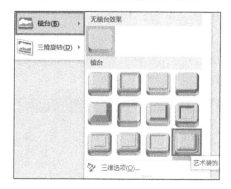

图 4-101　"艺术装饰"选项

步骤 4:按任务要求设置图片动画。选中图片,在【动画】选项卡的【动画】组中单击"其
他"按钮,在下拉列表中选择"强调"→"陀螺旋",如图 4-102、图 4-103 所示。再单击"效果
选项"下拉按钮,在下拉列表中选择"逆时针",如图 4-104、图 4-105 所示。在【计时】组中,
设置"开始"为"上一动画之后",设置"延迟"为"01.00",如图 4-106、图 4-107 所示。

图 4-102 "其他"按钮

图 4-103 "陀螺旋"选项

图 4-104 "效果选项"按钮

图 4-105 "逆时针"选项

图 4-106 【计时】组

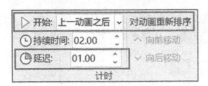

图 4-107 设置计时选项

步骤 5:按任务要求设置文本动画。选中第 3 张幻灯片中左侧内容区占位符,在【动画】选项卡的【动画】组中,单击"其他"按钮,如图 4-108 所示,在下拉列表中选择"进入"→"轮子",如图 4-109 所示。单击"效果选项"下拉按钮,在下拉列表中选择"2 轮辐图案(2)"效果,如图 4-110、图 4-111 所示。在【计时】组中,单击"向前移动"按钮,如图 4-112所示。

图 4-108 "其他"按钮

图 4-109 "轮子"选项

图 4-110　"图片效果"按钮　　　　　　　　图 4-111　"2 轮辐图案(2)"选项

图 4-112　"向前移动"按钮

5. 操作步骤如下：

步骤 1：按任务要求设置幻灯片版式。选中第 4 张幻灯片，在【开始】选项卡的【幻灯片】组中，单击"版式"下拉按钮，如图 4-113 所示，在下拉列表中选择"标题和内容"，如图 4-114 所示。

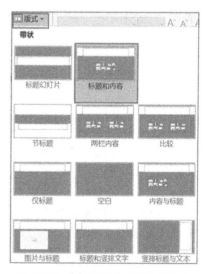

图 4-113　"版式"按钮　　　　　图 4-114　"标题和内容"版式选项

步骤 2：按任务要求输入标题和内容区文本。在第 4 张幻灯片的标题占位符中输入文字"冰淇淋的种类"；将"SC. DOCX"文件中"冰淇淋的种类"标题下的文本复制粘贴到内容区占位符中，如图 4-115 所示。

图 4-115　插入文本内容效果

步骤 3：按任务要求设置内容区动画。选中第 4 张幻灯片中内容区占位符，在【动画】选项卡的【动画】组中，单击"其他"按钮，如图 4-116 所示，在下拉列表中选择"进入"→"飞入"，如图 4-117 所示。单击"效果选项"下拉按钮，在下拉列表中选择"自左侧"，如图 4-118、图 4-119 所示。

图 4-116　"其他"按钮

图 4-117　"飞入"选项

图 4-118　"效果选项"按钮

图 4-119　"自左侧"选项

步骤 4：按任务要求设置标题动画。选中第 4 张幻灯片中标题占位符，在【动画】选项卡的【动画】组中，单击"其他"按钮，如图 4-120 所示，在下拉列表中选择"进入"→"浮入"，如图 4-121 所示。单击"效果选项"下拉按钮，在下拉列表中选择"下浮"，如图 4-122、图 4-123 所示。在【计时】组中，设置"开始"为"与上一动画同时"，设置"延迟"为"01.25"，单击"向前移动"按钮，如图 4-124 所示。

图 4-120　"其他"按钮

图 4-121　"浮入"选项

图 4-122 "效果选项"按钮

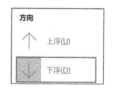

图 4-123 "下浮"选项

图 4-124 设置计时选项

6. 操作步骤如下：

步骤 1：按任务要求插入 3 张幻灯片。将鼠标光标置于第 5 张幻灯片之后，在【开始】选项卡的【幻灯片】组中，单击 3 次"新建幻灯片"按钮，即可在第 5 张幻灯片后插入 3 张新幻灯片，如图 4-125、图 4-126 所示。

图 4-125 "新建幻灯片"按钮

图 4-126 新建幻灯片效果

步骤 2：按任务要求设置幻灯片版式。选中第 6 张幻灯片，在【开始】选项卡的【幻灯片】组中，单击"版式"下拉按钮，如图 4-127 所示，在下拉列表中选择"两栏内容"，然后在幻灯片的标题占位符中输入文字"原料及作用"，如图 4-128、图 4-129 所示。

图 4-127 "版式"按钮

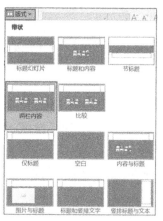

图 4-128 "两栏内容"版式选项

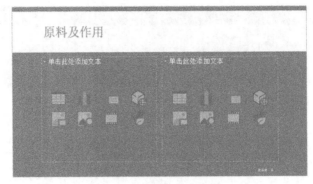

图 4-129 输入文字内容

步骤 3：按任务要求移动文本和插入图片。选中第 5 张幻灯片右侧内容区的文本"由于脂肪在……的组织和良好的质构。"，按快捷键〈Ctrl〉+〈X〉剪切，将光标置于第 6 张幻灯片左侧内容区中，按快捷键〈Ctrl〉+〈V〉粘贴，如图 4-130 所示。单击第 6 张幻灯片右侧内容区中的"图片"按钮，弹出"插入图片"对话框，找到并选中素材文件夹下的"PPT2.JPG"图片，单击"插入"按钮，如图 4-131、图 4-132 所示。

图 4-130 文本移动效果

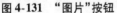

图 4-131 "图片"按钮

图 4-132 插入图片效果

步骤 4：按任务要求设置图片样式和图片效果。选中图片，在【图片工具｜格式】选项卡的【图片样式】组中，单击"其他"按钮，如图 4-133 所示，在下拉列表中选择"旋转，白色"，如图 4-134 所示。单击"图片效果"下拉按钮，在下拉列表中选择"发光"→"发光变体"→"酸橙色，8 pt 发光，个性色 2"，如图 4-135、图 4-136 所示。

图 4-133 "其他"按钮

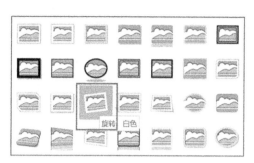

图 4-134 "旋转,白色"选项

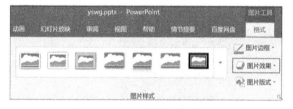

图 4-135 "图片效果"按钮

图 4-136 "酸橙色,8 pt 发光,个性色 2"选项

步骤 5:按任务要求设置图片动画。选中图片,在【动画】选项卡的【动画】组中,单击"其他"按钮,如图 4-137 所示,在下拉列表中选择"退出"→"旋转",如图 4-138 所示。在【计时】组中,设置"开始"为"上一动画之后",设置"延迟"为"01.00",如图 4-139 所示。

图 4-137 "其他"按钮

图 4-138 "旋转"选项

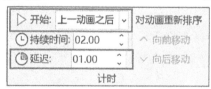

图 4-139 设置计时选项

7. 操作步骤如下:

步骤 1:按任务要求设置幻灯片版式。选中第 7 张幻灯片,在【开始】选项卡的【幻灯片】组中,单击"版式"下拉按钮,如图 4-140 所示,在下拉列表中选择"图片与标题",如图 4-141 所示。在幻灯片的标题占位符中输入文字"冰淇淋的生产",如图 4-142 所示。

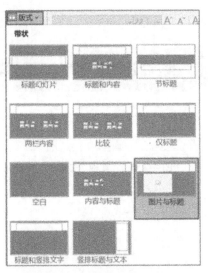

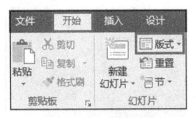

图 4-140　"版式"按钮　　　　　　　图 4-141　"图片与标题"版式选项

图 4-142　设置标题效果

步骤 2:按任务要求插入文本和图片。将"SC. DOCX"文件中"冰淇淋的生产"标题下的文本复制粘贴到第 7 张幻灯片的文本内容区中,如图 4-143 所示。单击图片区中的"图片"按钮,弹出"插入图片"对话框,找到并选中素材文件夹下的"PPT3. JPG"图片,单击"插入"按钮,如图 4-144、图 4-145 所示。

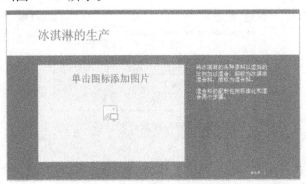

图 4-143　插入文本内容效果

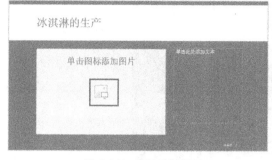

图 4-144　"图片"按钮

图 4-145　插入图片效果

步骤 3：按任务要求插入备注。将鼠标光标置于第 7 张幻灯片的备注区，输入文字"冰淇淋原料虽然有不同的原料选择，但标准的冰淇淋组成大致在下列范围：脂肪 8%—14%、全脂乳干物质 8%—12%、蔗糖 13%—15%、稳定剂 0.3%—0.5%。"，如图 4-146 所示。

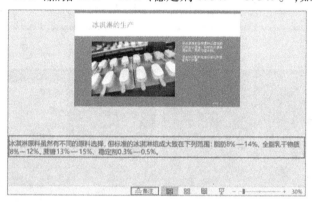

图 4-146　插入备注内容

8．操作步骤如下：

步骤 1：按任务要求设置幻灯片版式。选中第 8 张幻灯片，在【开始】选项卡的【幻灯片】组中，单击"版式"下拉按钮，如图 4-147 所示，在下拉列表中选择"标题和内容"，如图 4-148 所示。在幻灯片的标题占位符中输入文字"冰淇淋质量缺陷及原因"，如图 4-149 所示。

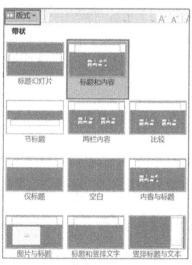

图 4-147　"版式"按钮

图 4-148　"标题和内容"版式选项

图4-149　输入标题内容

步骤2：按任务要求插入表格。在第8张幻灯片中单击内容区的"插入表格"按钮，弹出"插入表格"对话框，如图4-150所示，设置"列数"为"3"，设置"行数"为"5"，单击"确定"按钮，如图4-151所示。插入表格后的效果如图4-152所示。

图4-150　"插入表格"按钮　　　　　　　　　图4-151　设置表格行列数

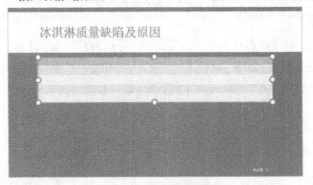

图4-152　插入表格效果

步骤3：按任务要求设置表格样式。选中表格，在【表格工具｜设计】选项卡的【表格样式】组中，单击"其他"按钮，如图4-153所示，在下拉列表中选择"主题样式1-强调1"，如图4-154所示。

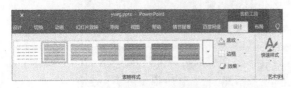

图4-153　"其他"按钮

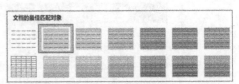

图4-154　"主题样式1-强调1"选项

步骤4:按任务要求设置表格列宽。选中表格的第1列,在【表格工具 | 布局】选项卡的【单元格大小】组中,设置"宽度"为"2.1厘米",如图4-155所示。按同样的方法设置表格第2列列宽为7.5厘米,设置表格第3列列宽为10.2厘米,如图4-156所示。

图4-155　设置表格列宽

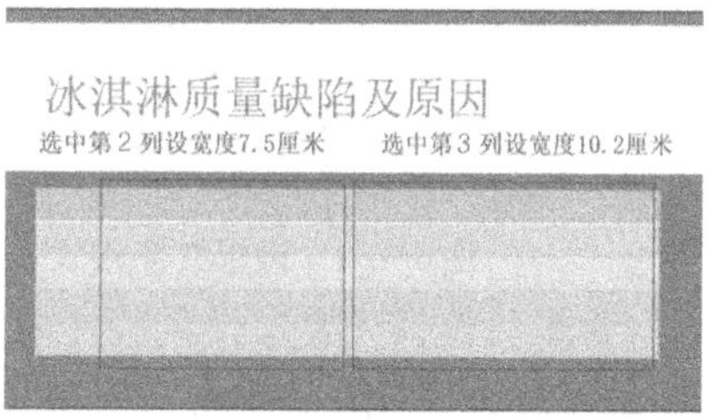

图4-156　表格列宽设置效果

步骤5:按任务要求填入表格内容。在表格第1行第1、2、3列单元格中分别输入"种类""缺陷""原因",在表格第1列第2、3、4、5行单元格中分别输入"风味""组织状态""质地""融化状态"。将"SC. DOCX"文件中表格的文本内容分别填入对应的单元格中,如图4-157所示。

图4-157　填入表格内容效果

步骤6:按任务要求设置表格文字的字体格式。选中表格第2至第5行,在【开始】选项卡的【字体】组中,设置"字体"为"黑体",设置"字号"为"12",如图4-158、图4-159所示。

图 4-158　设置文字格式

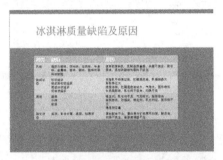

图 4-159　表格文字效果

步骤 7：按任务要求设置表格内容对齐方式。选中表格，在【表格工具｜布局】选项卡的【对齐方式】组中，单击"居中"按钮，再单击"垂直居中"按钮，如图 4-160 所示。

图 4-160　设置表格内容对齐方式

9. 操作步骤如下：

步骤 1：按任务要求移动幻灯片。在幻灯片窗格中，选中第 2 张幻灯片，并拖动第 2 张幻灯片到第 8 张幻灯片之后，释放鼠标左键，如图 4-161 所示。

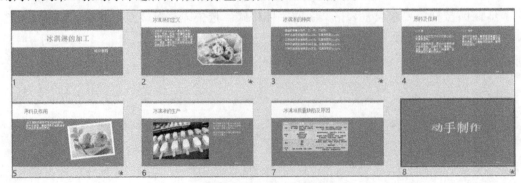

图 4-161　移动幻灯片效果

步骤2:按任务要求设置幻灯片切换方式。按住〈Ctrl〉键,选中所有幻灯片编号为奇数的幻灯片,如图4-162所示,在【切换】选项卡的【切换到此幻灯片】组中单击"其他"按钮,在下拉列表中选择"华丽"→"缩放",如图4-163所示。再单击"效果选项"下拉按钮,在下拉列表中选择"放大",如图4-164所示。按住〈Ctrl〉键,选中所有幻灯片编号为偶数的幻灯片,如图4-165所示,在【切换】选项卡的【切换到此幻灯片】组中单击"其他"按钮,在下拉列表中选择"华丽"→"棋盘",如图4-166所示。再单击"效果选项"下拉按钮,在下拉列表中选择"自顶部",如图4-167所示。

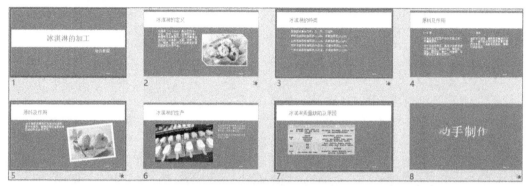

图4-162　连续选中奇数幻灯片

图4-163　"缩放"切换方式

图4-164　"放大"选项

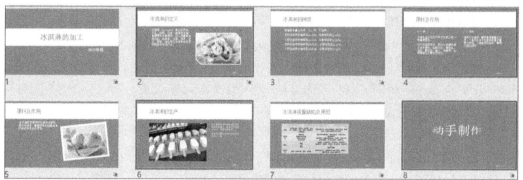

图4-165　连续选中偶数幻灯片

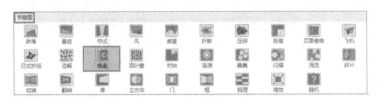

图4-166 "棋盘"切换方式　　　　　　　　图4-167 "自顶部"选项

步骤3：保存并关闭 yswg.PPTX 文件。

三、任务巩固

新建幻灯片，编辑成如图4-168 所示的样张，具体操作要求如下：

图4-168 样张

1. 新建7张幻灯片，除了标题幻灯片外，在其他每张幻灯片中的页脚处插入"秋季养生"四个字，并且也插入与其幻灯片编号相同的数字，例如，第4张幻灯片的幻灯片编号内容为"4"；为整个演示文稿应用"切片"主题，放映方式为"观众自行浏览（窗口）"。

2. 设置第1张幻灯片版式为"标题幻灯片"，主标题为"秋季养生保健"，副标题为"社区卫生服务中心"；主标题设置为黑体、88磅字，副标题设置为微软雅黑、32磅字。

3. 设置第2张幻灯片版式为"标题和内容"，标题为"秋季养生"；将素材文件夹下的"SC.DOCX"文档中的相应文本插入内容区，为内容文本设置动画"进入"→"飞入"，方向为"自右下部"；为标题设置动画"进入"→"劈裂"，方向为"中央向左右展开"；动画顺序是先标题后内容文本。

4. 设置第3张幻灯片版式为"两栏内容"，标题为"养生特点"；将素材文件夹下的图片文件"PPT1.JPG"插入第3张幻灯片右侧的内容区，图片样式为"金属椭圆"，图片效果为"发光"→"深绿，8 pt 发光，个性色4"；为图片设置动画"强调"→"陀螺旋"，方向为"逆时针"；将素材文件夹下的"SC.DOCX"文档中的相应文本插入左侧内容区，为文本设置动画"进入"→"棋盘"；动画顺序是先文本后图片。

5. 设置第 4 张幻灯片版式为"标题和内容",标题为"秋鱼推荐";在内容区插入 7 行 2 列表格,表格样式为"中度样式 1-强调 2",第 1 列列宽为 3 厘米,第 2 列列宽为 20 厘米;第 1 行第 1、2 列内容依次为"鱼名"和"功效",参考素材库下 SC. DOCX 文档的内容,按鲫鱼、带鱼、青鱼、鲤鱼、草鱼、泥鳅的顺序从上到下将适当内容填入表格其余 6 行;表格文字全部设置为"居中"和"垂直居中"对齐方式。

6. 设置第 5 张幻灯片版式为"比较",标题为"养生方法";参考素材库中的 SC. DOCX 文档的内容,将幻灯片其他文本部分填写完整。

7. 设置第 6 张幻灯片版式为"标题和内容",标题为"养肺为要";将素材库中的 SC. DOCX 文档中的相应文本插入内容区。

8. 设置第 7 张幻灯片版式为"空白",插入样式为"填充-白色,轮廓-着色 1,阴影"的艺术字"祝身体安康";艺术字形状效果设置为"预设 1",动画设置为"强调-放大/缩小";幻灯片的背景设置为"鱼类化石"纹理。

9. 将第 4 张幻灯片移动到第 7 张幻灯片的前面;设置幻灯片编号为奇数的幻灯片切换方式为"揭开",效果选项为"从右下部",设置幻灯片编号为偶数的幻灯片切换方式为"蜂巢"。

任务 4.3　演示文稿综合案例三

一、任务要求

打开"演示文稿素材库\素材 3"中的"yswg. PPTX"文件,编辑成如图 4-16:9 所示的样张,具体操作要求如下:

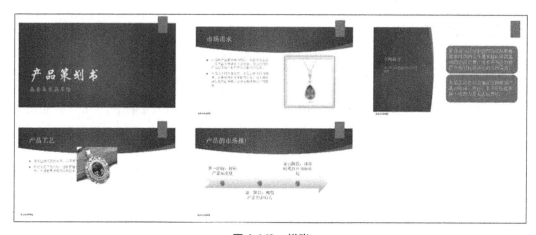

图 4-169　样张

1. 在第 1 张幻灯片前插入 1 张新幻灯片,设置幻灯片大小为"全屏显示(16:9)";为整个演示文稿应用"离子会议室"主题,设置放映方式为"观众自行浏览(窗口)";除了标题幻灯片外,在其他每张幻灯片中的页脚处插入"晶泰来水晶吊坠"七个字。

2. 设置第1张幻灯片的版式为"标题幻灯片",主标题为"产品策划书",副标题为"晶泰来水晶吊坠";主标题文字设置为华文行楷、80磅字,副标题文字设置为楷体、加粗、34磅;为副标题设置"进入"→"浮入"的动画效果,效果选项为"下浮"。

3. 第2张幻灯片的版式设置为"两栏内容";将素材文件夹下的图片文件"shuijing1. JPG"插入幻灯片右侧的内容区,图片样式为"金属框架",图片效果为"发光变体"→"紫色,8 pt发光,个性色6";图片动画设置为"进入"→"十字形扩展",图片动画"开始"为"上一动画之后";左侧内容文本动画设置为"强调"→"跷跷板",标题动画设置为"进入"→"基本缩放",效果选项为"从屏幕中心放大";动画顺序是先标题、内容文本,最后是图片。

4. 第3张幻灯片的版式设置为"内容与标题";在左侧标题下方的文本框中输入文字"水晶饰品越来越受到人们的喜爱",字体设置为"微软雅黑",字号设置为"16";将幻灯片右侧文本框中的文字转换成为"垂直项目符号列表"版式的SmartArt图形,并设置其动画效果为"进入"→"飞入",效果选项为"自右侧",序列为"逐个"。

5. 第4张幻灯片的版式设置为"两栏内容";将素材文件夹下的图片文件"shuijing2. JPG"插入幻灯片右侧的内容区;设置图片高度为8厘米,锁定纵横比,设置图片位置为水平13厘米、垂直5厘米,均为从"左上角";为图片设置动画效果"进入"→"浮入",效果选项为"下浮"。

6. 第5张幻灯片的版式设置为"标题和内容";将幻灯片文本框中的文字转换成为"基本日程表"版式的SmartArt图形,并设置样式为"优雅";设置SmartArt图形的动画效果为"进入"→"弹跳",序列为"逐个";设置标题的动画效果为"进入"→"圆形扩展",效果选项为"菱形",动画"开始"为"与上一动画同时";动画顺序是先标题后图形。

7. 设置第1、3、5张幻灯片切换效果为"揭开",效果选项为"从右下部";设置第2、4张幻灯片切换效果为"梳理",效果选项为"垂直";保存文件。

二、任务操作

1. 操作步骤如下:

步骤1:按任务要求插入幻灯片。打开"演示文稿素材库\素材3"中的"yswg. PPTX"文件,单击第1张幻灯片之前的空白处,在【开始】选项卡的【幻灯片】组中,单击"新建幻灯片"按钮,如图4-170所示。新建幻灯片效果如图4-171所示。

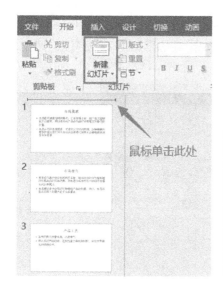

图 4-170 "新建幻灯片"按钮　　　　**图 4-171 新建幻灯片效果**

步骤2:按任务要求设置幻灯片大小。在【设计】选项卡的【自定义】组中,单击"幻灯片大小"按钮,如图4-172所示,在下拉列表中选择"自定义幻灯片大小",弹出"幻灯片大小"对话框;选择"全屏显示(16:9)",单击"确定"按钮,如图4-172、图4-173所示。

图 4-172 "幻灯片大小"按钮

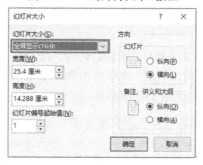

图 4-173 "全屏显示(16:9)"选项

步骤3:按任务要求设置演示文稿主题。在【设计】选项卡的【主题】组中单击"其他"按钮,如图4-174所示,在弹出的下拉列表中选择"离子会议室"主题,如图4-175所示。

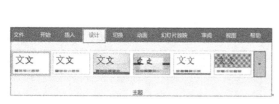

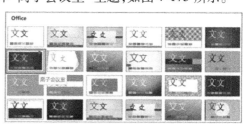

图 4-174 "其他"按钮　　　　**图 4-175 设置"离子会议室"主题**

步骤4:按任务要求设置放映方式。在【幻灯片放映】选项卡的【设置】组中,单击"设置幻灯片放映"按钮,如图4-176所示,弹出"设置放映方式"对话框;在"放映类型"选项组中,选中"观众自行浏览(窗口)"单选钮,单击"确定"按钮,如图4-177所示。

图4-176　"设置幻灯片放映"按钮

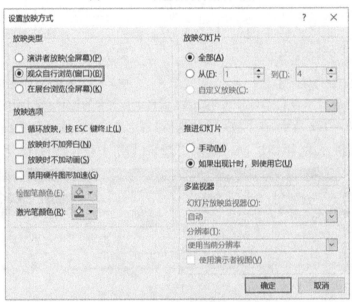

图4-177　"设置放映方式"对话框

步骤5:按任务要求设置页脚内容。选中第1张幻灯片,在【插入】选项卡的【文本】组中,单击"页眉和页脚"按钮,如图4-178所示,在弹出的"页眉和页脚"对话框中,勾选"页脚"复选框,在下方文本框中输入文字"晶泰来水晶吊坠",勾选"标题幻灯片中不显示"复选框,单击"全部应用"按钮,如图4-179所示。

图4-178　"页眉和页脚"按钮

图4-179 "页眉和页脚"对话框

2. 操作步骤如下：

步骤1：按任务要求设置幻灯片版式。选中第1张幻灯片,在【开始】选项卡的【幻灯片】组中,单击"版式"按钮,如图4-180所示,在弹出的下拉列表中选择"标题幻灯片",如图4-181所示。

图4-180 "版式"按钮

图4-181 "标题幻灯片"版式选项

步骤2：按任务要求输入标题并设置字体。在第1张幻灯片主标题框中输入"产品策划书",在副标题框中输入"晶泰来水晶吊坠"。选中主标题文字"产品策划书",在【开始】选项卡的【字体】组中,设置"字体"为"华文行楷",设置"字号"为"80",如图4-182所示。选中副标题文字,在【开始】选项卡的【字体】组中,设置"字体"为"楷体",设置"字号"为"34",设置"字形"为"加粗",如图4-183所示。

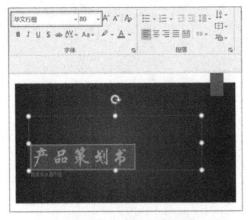

图4-182　设置主标题文字

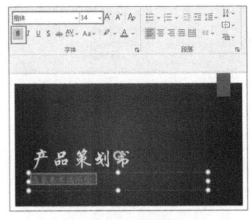

图4-183　设置副标题文字

步骤3:按任务要求设置动画效果。选中副标题文本框,切换到【动画】选项卡,单击【动画】组中的"其他"按钮,如图4-184所示,在弹出的下拉列表中选择"进入"→"浮入",如图4-185所示。单击"效果选项"按钮,在弹出的下拉列表中选择"下浮",如图4-186、图4-187所示。

图4-184　"其他"按钮

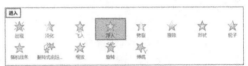

图4-185　"浮入"选项

图4-186　"效果选项"按钮

图4-187　"下浮"选项

3. 操作步骤如下:

步骤1:按任务要求设置幻灯片版式。选中第2张幻灯片,在【开始】选项卡的【幻灯片】组中,单击"版式"按钮,如图4-188所示,在弹出的下拉列表中选择"两栏内容",如图4-189所示。

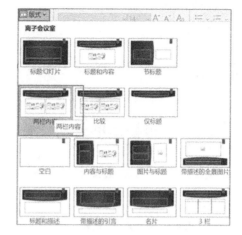

图 4-188 "版式"按钮　　　　图 4-189 "两栏内容"版式选项

步骤 2：按任务要求插入图片。单击第 2 张幻灯片右侧内容区中的"图片"按钮，弹出"插入图片"对话框，如图 4-190 所示；找到并选中素材文件夹下的"shuijing1.JPG"图片文件，单击"插入"按钮，如图 4-191 所示。

图 4-190 "图片"按钮　　　　图 4-191 插入图片效果

步骤 3：按任务要求设置图片样式和图片效果。选中第 2 张幻灯片中的图片，在【图片工具｜格式】选项卡的【图片样式】组中，单击"其他"下拉按钮，如图 4-192 所示，在弹出的下拉列表中选择"金属框架"选项，如图 4-193 所示。单击"图片效果"按钮，如图 4-194 所示，在弹出的下拉列表中选择"发光"下的"发光变体"→"紫色，8 pt 发光，个性色 6"，如图 4-195 所示。

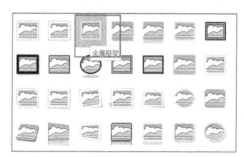

图 4-192 "其他"按钮　　　　图 4-193 "金属框架"选项

图 4-194 "图片效果"按钮

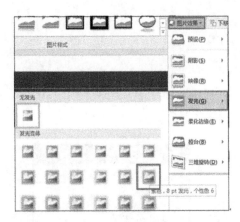

图 4-195 "紫色,8 pt 发光,个性 6"选项

步骤 4:按任务要求为图片和文字设置动画。选中图片,切换到【动画】选项卡,单击【动画】组中的"其他"按钮,如图 4-196 所示,在弹出的下拉列表中选择"更多进入效果",弹出"更多进入效果"对话框,选择"十字形扩展",单击"确定"按钮,如图 4-197 所示。在【计时】组中,设置"开始"为"上一动画之后",如图 4-198 所示。选中左侧内容区全部文本,单击【动画】组中的"其他"按钮,在弹出的下拉列表中选择"强调"→"跷跷板",如图 4-199 所示。选中第 2 张幻灯片标题,单击【动画】组中的"其他"按钮,在弹出的下拉列表中选择"更多进入效果",弹出"更改进入效果"对话框,选择"基本缩放",单击"确定"按钮,如图 4-200 所示。单击"效果选项"按钮,在弹出的下拉列表中选择"从屏幕中心放大",如图 4-201 所示。

图 4-196 "其他"按钮

图 4-197 "十字形扩展"选项

图 4-198 "上一动画后"选项

图 4-199 "跷跷板"选项

图 4-200　"基本缩放"选项

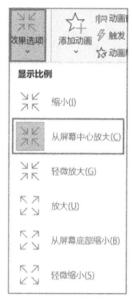

图 4-201　"从屏幕中心放大"选项

步骤 5：按任务要求设置动画顺序。选中标题，在【动画】选项卡的【计时】组中，单击"向前移动"按钮，将其移动为"1"，如图 4-202 所示。选中图片，继续单击"向后移动"按钮，将其移动为"2"，确保图片动画顺序是在左侧文本动画后，如图 4-203 所示。

图 4-202　设置动画顺序

图 4-203　设置动画顺序效果

4. 操作步骤如下：

步骤 1：按任务要求设置幻灯片版式。选中第 3 张幻灯片，在【开始】选项卡的【幻灯片】组中，单击"版式"按钮，如图 4-204 所示，在弹出的下拉列表中选择"内容与标题"，如图 4-205 所示。

图 4-204 "版式"按钮   图 4-205 "内容与标题"版式选项

步骤 2:按任务要求输入文字并设置文字格式。在第 3 张幻灯片左侧标题下方文本框中输入"水晶饰品越来越受到人们的喜爱",如图 4-206 所示。选中新输入的文字,在【开始】选项卡的【字体】组中,设置"字体"为"微软雅黑",设置"字号"为"16",如图 4-207 所示。

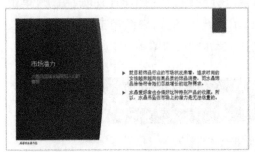

图 4-206 输入文本   图 4-207 设置文字格式

步骤 3:按任务要求转换 SmartArt 图形。选中第 3 张幻灯片右侧文本框内容,单击鼠标右键,在弹出的快捷菜单中选择"转换为 SmartArt",再选择"垂直项目符号列表",如图 4-208、图 4-209 所示。

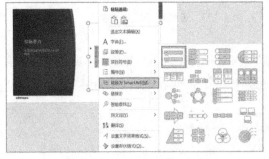

图 4-208 "垂直项目符号列表"选项   图 4-209 设置 SmartArt 图形效果

步骤 4:按任务要求为 SmartArt 图形添加动画效果。选中 SmartArt 图形,切换到【动画】选项卡,单击【动画】组中的"其他"按钮,在弹出的下拉列表中选择"进入"→"飞入",

如图4-210所示。单击"效果选项"按钮,在弹出的下拉列表中分别选择"自右侧"和"逐个",如图4-211所示。SmartArt图形动画效果如图4-212所示。

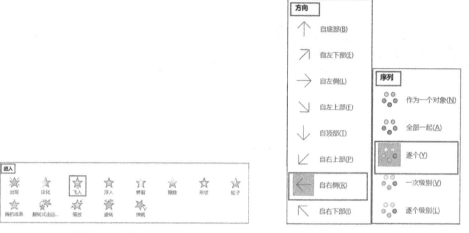

图4-210　"飞入"选项

图4-211　"自右侧"和"逐个"效果选项

图4-212　SmartArt图形动画效果

5. 操作步骤如下:

步骤1:按任务要求设置幻灯片版式。选中第4张幻灯片,切换到【开始】选项卡,单击【幻灯片】组中的"版式"按钮,如图4-213所示,在弹出的下拉列表中选择"两栏内容",如图4-214所示。

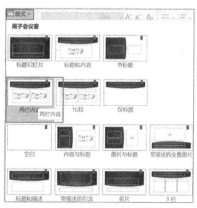

图4-213　"版式"按钮

图4-214　"两栏内容"版式选项

步骤2：按任务要求插入图片。在第4张幻灯片中，单击右侧文本框中的"图片"按钮，弹出"插入图片"对话框，如图4-215所示；找到并选中素材文件夹下的"shuijing2.JPG"图片文件，单击"插入"按钮，如图4-216所示。

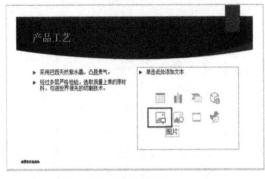

图4-215　"图片"按钮

图4-216　插入图片效果

步骤3：按任务要求设置图片大小和位置。选中插入的图片，在【图片工具｜格式】选项卡中，单击【大小】组右下角的"设置图片格式"对话框启动器按钮，如图4-217所示。在右侧的"设置图片格式"任务窗格中，设置"高度"为"8厘米"，勾选"锁定纵横比"复选框，如图4-218所示。单击"位置"按钮，将其展开，设置"水平位置"为"13厘米"，从"左上角"，设置"垂直位置"为"5厘米"，从"左上角"，如图4-219所示，关闭任务窗格。图片大小和位置设置效果如图4-220所示。

图4-217　"大小和位置"对话框启动器按钮

图4-218　设置"大小"选项

图4-219　设置"位置"选项

图4-220　图片大小和位置设置效果

步骤4:按任务要求设置图片动画效果。选中第4张幻灯片中的图片,在【动画】选项卡中,单击【动画】组中的"其他"按钮,如图4-221所示,在弹出的下拉列表中选择"进入"→"浮入",如图4-222所示。单击"效果选项"按钮,在弹出的下拉列表中选择"下浮",如图4-223、图4-224所示。

图4-221 "其他"按钮

图4-222 "浮入"选项

图4-223 "效果选项"按钮

图4-224 "下浮"选项

6. 操作步骤如下:

步骤1:按任务要求设置幻灯片版式。选中第5张幻灯片,切换到【开始】选项卡,单击【幻灯片】组中的"版式"按钮,如图4-225所示,在弹出的下拉列表中选择"标题和内容",如图4-226所示。

图4-225 设置"版式"

图4-226 "标题和内容"版式选项

步骤2:按任务要求转换SmartArt图形。选中第5张幻灯片文本框内容,单击鼠标右键,在弹出的快捷菜单中选择"转换为SmartArt",再选择"基本日程表",如图4-227所示。在【SmartArt工具│设计】选项卡的【SmartArt样式】组中,单击"其他"下拉按钮,选择"三维"→"优雅",如图4-228、图4-229所示。"SmartArt样式"设置效果如图4-230所示。

图 4-227　"基本日程表"选项

图 4-228　"其他"按钮

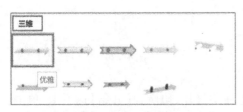

图 4-229　"优雅"选项

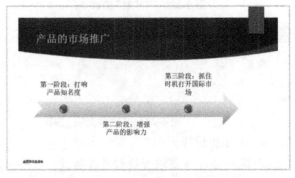

图 4-230　"SmartArt 样式"设置效果

步骤 3：按任务要求为 SmartArt 图形添加动画效果。选中 SmartArt 图形,切换到【动画】选项卡,单击【动画】组中的"其他"按钮,在弹出的下拉列表中选择"更多进入效果",弹出"更改进入效果"对话框,选择"弹跳",单击"确定"按钮,如图 4-231 所示。单击"效果选项"按钮,在弹出的下拉列表中选择"逐个",如图 4-232 所示。

图 4-231　"弹跳"选项

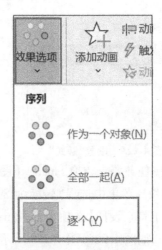

图 4-232　"逐个"选项

步骤 4：按任务要求设置标题动画。选中第 5 张幻灯片标题,在【动画】选项卡的【动画】组中单击"其他"按钮,在弹出的下拉列表中选择"更多进入效果",弹出"更改进入效果"对话框,再选择"圆形扩展",单击"确定"按钮,如图 4-233 所示。单击"效果选项"按钮,在弹出的下拉列表中选择"菱形",如图 4-234 所示。

图 4-233 "圆形扩展"选项   图 4-234 "菱形"选项

步骤 5:按任务要求设置动画顺序。选中标题,在【动画】选项卡的【计时】组中,设置"开始"为"与上一动画同时";单击"向前移动"按钮设置动画顺序,如图 4-235 所示。设置动画效果如图 4-236 所示。

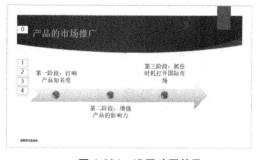

图 4-235 设置"计时"选项   图 4-236 设置动画效果

7. 操作步骤如下:

步骤 1:按任务要求设置幻灯片切换效果。按住〈Ctrl〉键的同时,分别选中第 1、第 3、第 5 张幻灯片,如图 4-237 所示。单击【切换】选项卡的【切换到此幻灯片】组中的"其他"按钮,在弹出的下拉列表中选择"细微"→"揭开",如图 4-238 所示。单击"效果选项"按钮,在弹出的下拉列表中选择"从右下部",如图 4-239 所示。与以上方法类似,设置第 2、第 4 张幻灯片的切换效果为"梳理",效果选项为"垂直",如图 4-240、图 4-241、图 4-242 所示。

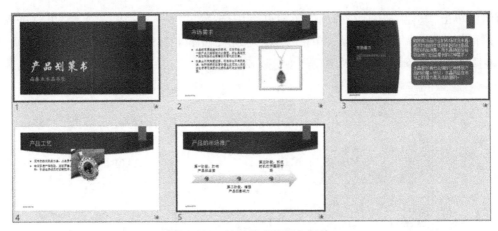

图 4-237　连续选中奇数幻灯片

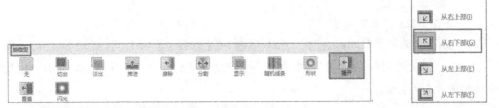

图 4-238　"揭开"选项　　　　　　　　　　　　　　　图 4-239　"从右下部"选项

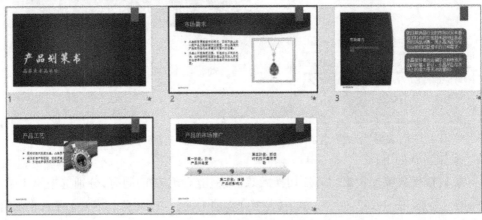

图 4-240　连续选中偶数幻灯片

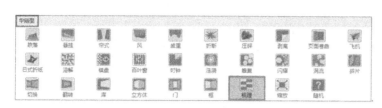

图 4-241 "梳理"选项　　　　　　　　　　　　　　**图 4-242 "垂直"选项**

步骤 2：保存并关闭"yswg. PPTX"文件。

三、任务巩固

打开"演示文稿素材库\练习 3"中的"yswg. PPTX"文件，编辑成如图 4-243 所示的样张，具体操作要求如下：

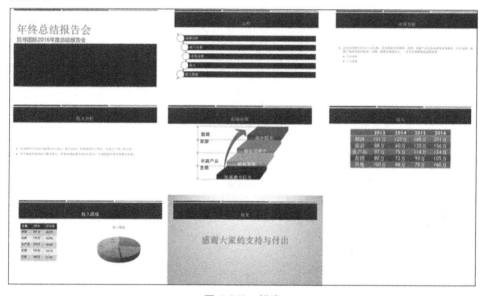

图 4-243 样张

1. 为整个演示文稿应用"红利"主题；设置全体幻灯片切换方式为"擦除"，效果选项为"从右上部"；设置幻灯片的大小为"宽屏（16∶9）"；设置放映方式为"观众自行浏览（窗口）"。

2. 为第 1 张幻灯片添加副标题"觅寻国际 2016 年度总结报告会"，字体设置为"微软雅黑"，字号设置为 32 磅字；将主标题的文字大小设置为 66 磅，文字颜色设置为红色（RGB颜色模式：红色 255，绿色 0，蓝色 0）。

3. 在第 6 张幻灯片后面加入一张新幻灯片，版式为"两栏内容"，标题是"收入组成"，在左侧栏中插入一个 6 行 3 列的表格，内容如表 4-1 所示；设置表格高度为 8 厘米，宽度为8 厘米。

表 4-1　插入的表格

名称	2016	百分比
烟酒	201 万	26.9%
旅游	156 万	20.9%
农产品	124 万	16.6%
直销	105 万	14.1%
其他	160 万	21.4%

4. 在第 7 张幻灯片中，根据左侧表格中"名称"和"百分比"两列的内容，在右侧栏中插入一个"三维饼图"，图表标题为"收入组成"，图表标签显示"类别名称"和"值"，设置图表样式为"样式 4"，不显示图例，设置图表高度为 10 厘米，宽度为 12 厘米。

5. 将第 2 张幻灯片中文本框的文字转换成 SmartArt 图形"垂直曲形列表"，并且为每个项目添加相应幻灯片的超链接。

6. 将第 3 张幻灯片中的"良好态势"和"不足弊端"这两项内容的列表级别提高一个等级（即增大缩进级别）；将第 5 张幻灯片中的所有对象（幻灯片标题除外）组合成一个图形对象，并为这个组合对象设置动画"强调"→"跷跷板"；将第 6 张幻灯片的表格中所有文字大小设置为"32"，表格样式为"主题样式 2-强调 2"，所有单元格对齐方式为"垂直居中"。

7. 将最后一张幻灯片的背景设置为预设颜色的"顶部聚光灯-个性色 5"，在幻灯片中插入样式为"填充-粉色，主题色 3，锋利棱台"的艺术字，艺术字的文字为"感谢大家的支持与付出"，设置艺术字的文本填充为"花岗岩"纹理；为艺术字设置动画"进入"→"形状"，效果选项为"缩小""菱形"；为标题设置动画"强调"→"放大/缩小"，效果选项为"水平""巨大"，持续时间为 3 秒；动画顺序是先标题后艺术字。

<table>
<tr><td></td><td style="background:#666;color:#fff">项目 5</td></tr>
</table>

Internet Explorer 浏览器和 Outlook 2016 的使用

本章将介绍 Internet Explorer(简称 IE)浏览器的使用、搜索引擎的使用和 Outlook 2016 的使用 3 个实验任务。通过对这 3 个实验任务的练习,使用者可以掌握 Internet 的相关使用方法,学会利用 Internet 实现网上办公和学习。上网考点汇总如图 5-1 所示。

图 5-1　上网考点汇总

任务 5.1　Internet Explorer 浏览器的使用综合案例

一、任务要求

打开"全国计算机等级考试"主页(http://ncre.neea.edu.cn/),具体操作要求如下:

1. 打开"2021 年 9 月全国计算机等级考试报名工作已启动"的新闻页面,浏览并将页面保存到"文档"库中。

2. 将"2021 年 5 月全国计算机等级考试成绩现已公布"新闻所指向的超链接另存为网页。

3. 在 IE 浏览器的收藏夹中新建一个名为"常用网站"的目录,将全国计算机等级考试网址(http://ncre.neea.edu.cn/)添加至该目录下。

二、任务操作

1. 操作步骤如下：

步骤1：按任务要求打开主页。打开 IE 浏览器，在地址栏中输入"http://ncre.neea.edu.cn/"，并按〈Enter〉键，打开"全国计算机等级考试"主页。

步骤2：按任务要求点击链接。浏览此网站网页，单击"2021年9月全国计算机等级考试报名工作已启动"一条新闻的链接，打开该新闻的页面。

步骤3：按任务要求选择"另存为"。单击"工具"按钮，在下拉菜单中依次选择"文件"→"另存为"选项，如图5-2所示。

图5-2 "另存为"选项

步骤4：按任务要求保存网页。打开"保存网页"对话框，将路径定位到"文档"库，在"文件名"文本框中输入该网页的名称，在"保存类型"下拉列表框中选择保存类型，然后单击"保存"按钮即可，如图5-3所示。

图5-3 保存网页页面

2. 操作步骤如下：

步骤1：按任务要求打开主页。打开 IE 浏览器，在地址栏中输入"http://ncre.neea.edu.cn/"，并按〈Enter〉键，打开"全国计算机等级考试"主页。

步骤2：按任务要求选择"目标另存为"。右击所需项目的链接，在弹出的快捷菜单中选择"目标另存为"选项，如图 5-4 所示，弹出"另存为"对话框。

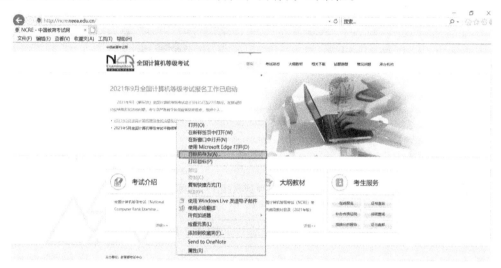

图 5-4 超链接"另存为"

步骤3：按任务要求保存网页。选择准备保存网页的文件夹，在"文件名"文本框中输入名称，然后单击"保存"按钮，如图 5-5 所示。

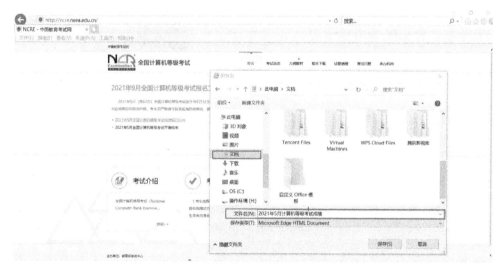

图 5-5 保存网页超链接指向的网页

3. 操作步骤如下：

步骤1：按任务要求打开主页。打开 IE 浏览器，在 IE 地址栏中输入网址"http://ncre.neea.edu.cn/"，并按〈Enter〉键，打开"全国计算机等级考试"主页。

步骤2：按任务要求整理收藏夹。单击 IE 浏览器工具栏上的按钮"收藏夹"，然后单击

"添加到收藏夹"按钮右侧的下三角,在弹出的下拉菜单中选择"整理收藏夹"选项,如图5-6所示。

图5-6 "添加到收藏夹"界面

步骤3:按任务要求新建收藏夹。打开"整理收藏夹"对话框,点击下方的"新建文件夹"按钮,并将新建的文件夹命名为"常用网站",如图5-7所示。

图5-7 "新建收藏夹"界面

步骤4:按任务要求收藏网址。关闭"整理收藏夹"对话框,单击IE浏览器工具栏上的"收藏夹"按钮,然后单击"添加到收藏夹"按钮,打开"添加收藏"对话框;在"名称"文本框中输入网页名称,在"创建位置"下拉列表中选择"常用网站",如图5-8所示;最后单击"添加"按钮即可。

图 5-8 "添加收藏"界面

三、任务巩固

某模拟网站的地址为 http：//localhost/index.htm，打开此网站，具体操作要求如下：

1. 找到关于最强选手"王峰"的页面，将此页面另存到素材库下，文件名为"Wang-Feng"，保存类型为"网页，仅 HTML（＊.HTML；＊.HTM）"。

2. 将该页面上有王峰人像的图像另存到素材库下，文件命名为"Photo"，保存类型为"JPEG（＊.JPG）"。

任务 5.2   搜索引擎的使用综合案例

一、任务要求

打开搜索引擎"百度"，具体操作要求如下：

查找孔子的个人资料，并将搜索的个人资料复制和保存到 Word 文档中，并命名为"孔子的个人资料.DOCX"。

二、任务操作

操作步骤如下：

步骤 1：打开 IE 浏览器，在地址栏中输入"https：//www.baidu.com"，打开百度的主页。

步骤 2：在搜索文本框中输入"孔子"，单击"百度一下"按钮。

步骤3：搜索结果如图5-9所示，单击链接"孔子（儒家学派创始人）—百度百科"。

图5-9　使用百度搜索

步骤4：在打开的页面中，拖动鼠标选中孔子的个人信息，然后右击鼠标，在弹出的快捷菜单中选择"复制"选项，如图5-10所示。

图5-10　复制搜索的信息

步骤5：新建一个名为"孔子的个人资料.DOCX"的Word文档，打开该文档，按快捷键〈Ctrl〉+〈V〉，将复制的信息粘贴到Word文档中，然后按快捷键〈Ctrl〉+〈S〉保存文档，如图5-11所示。

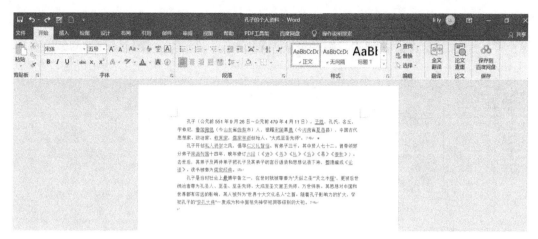

图 5-11　将搜索的信息保存为文档

三、任务巩固

打开搜索引擎"百度",搜索资料,具体操作要求如下：

1. 启动 IE 浏览器,在百度首页搜索框中输入关键字"计算机发展历史"。

2. 在打开的网页中将显示相关搜索结果,用户可根据文字提示单击相应的超链接,随之打开新的网页,根据需要再次单击相应的超链接。

3. 在新打开的网页中可查看详细内容,选择需要的文字内容,复制粘贴到 Word 文档中进行保存,保存为"计算机发展史. DOCX"。

任务 5.3　Outlook 2016 的使用综合案例

一、任务要求

打开 Outlook 2016,具体操作要求如下：

1. 将 liuming@ 163. com 添加到 Outlook 的联系人中,然后给该电子邮箱发送一封邮件,主题为"本周末活动安排通知",正文内容为"你好! 本周六公司组织团建活动,请一定要参加。",同时插入附件"周末活动安排. DOCX",并使用密件抄送将此邮件发送给 zhangjing1718@ 163. com。

2. 接收主题为"学习资料"的邮件,并且把邮件附件保存到 mail 文件夹中。

二、任务操作

1. 操作步骤如下：

步骤 1:按任务要求选择"联系人"选项。打开 Outlook 2016,在导航窗格中单击"新建项目"下拉菜单中的"联系人"选项,如图5-12所示。

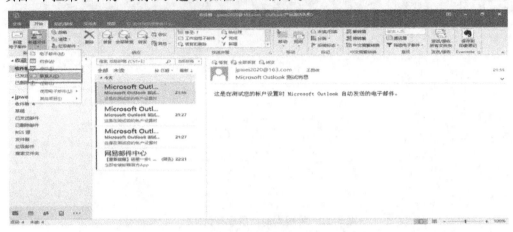

图5-12 "联系人"选项

步骤2:按任务要求新建联系人。在联系人资料填写窗口的"姓氏/名字"文本框中分别输入"刘""明",在"电子邮件"文本框中输入"liuming@163.com",如图5-13所示,其他信息可选填。信息输入完毕,单击导航窗格中的"保存并关闭"按钮。

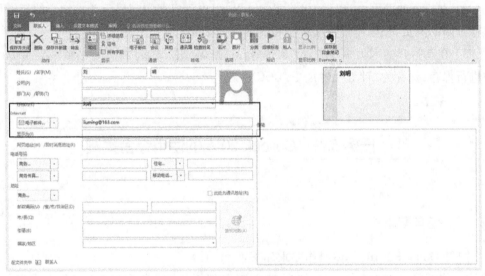

图5-13 联系人资料填写窗口

步骤3:按任务要求新建电子邮件。在【开始】选项卡中单击"新建电子邮件"按钮,出现撰写新邮件窗口,单击"收件人"按钮,如图5-14所示。

步骤 4:按任务要求设置收件人和抄送。选择联系人"刘明",然后单击"密件抄送"按钮,选择联系人"张晶",最后单击"确定"按钮,如图 5-15 所示。

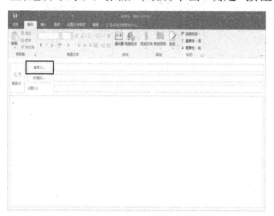

图 5-14　撰写新邮件窗口　　　　　　　　　　　**图 5-15　选择联系人**

步骤 5:按任务要求插入附件。在撰写新邮件窗口中单击"附加文件"按钮,打开"插入文件"对话框,选择文件"周末活动安排. DOCX",然后单击"插入"按钮,如图 5-16 所示。

图 5-16　插入邮件附件

步骤 6:按任务要求输入邮件内容。在撰写新邮件窗口中输入主题"本周末活动安排通知",输入邮件内容"你好! 本周六公司组织团建活动,请一定要参加。",如图 5-17 所示。

步骤 7:单击"发送"按钮,发送邮件。

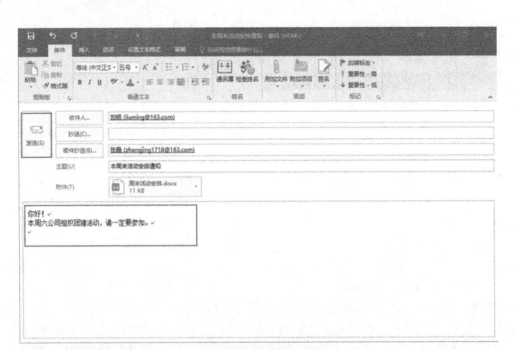

图 5-17　输入邮件内容

2. 操作步骤如下：

步骤 1：按任务要求设置下载首选项。登录邮箱后，切换到【发送/接收】选项卡，如图 5-18 所示。单击"下载首选项"按钮，在下拉列表中选择"先下载邮件头，然后下载整个项目"选项，在弹出的提示对话框中单击"确定"按钮，如图 5-19 所示。

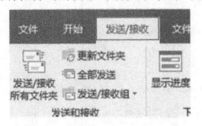

图 5-18　【发送/接收】选项卡

图 5-19　下载首选项设置

步骤 2：按任务要求接收电子邮件。双击邮件，弹出读取邮件窗口，如图 5-20 所示。在邮件附件名"学习资料"处单击鼠标右键，在弹出的快捷菜单中选择"另存为"选项，在打开的"另存为"对话框中选择保存的路径，单击"保存"按钮，然后在弹出的提示对话框中单击"确定"按钮。

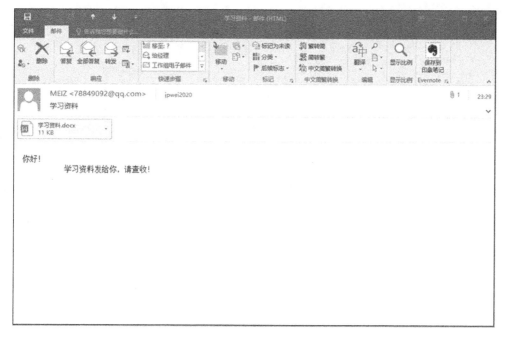

图 5-20　读取邮件窗口

三、任务巩固

打开 Outlook 2016，具体操作要求如下：

1. 给王军同学（wj@ mail. cumtb. edu. cn）发送 E-mail，同时将该邮件抄送给李明老师（lm@ sina. com）。邮件内容为"王军：您好！现将资料发送给您，请查收。赵华"；将文档文件夹下的"jsjxkjj. TXT"文件作为附件一同发送；邮件的主题为"资料"。

2. 接收并阅读来自朋友小赵的邮件（zhaoyu@ ncre. com），主题为"生日快乐"。将邮件中的附件"生日贺卡. JPG"保存到桌面 mail 文件夹下，并回复该邮件，回复内容为"贺卡已收到，谢谢你的祝福，也祝你天天幸福快乐！"。